DIANA
VERLAG

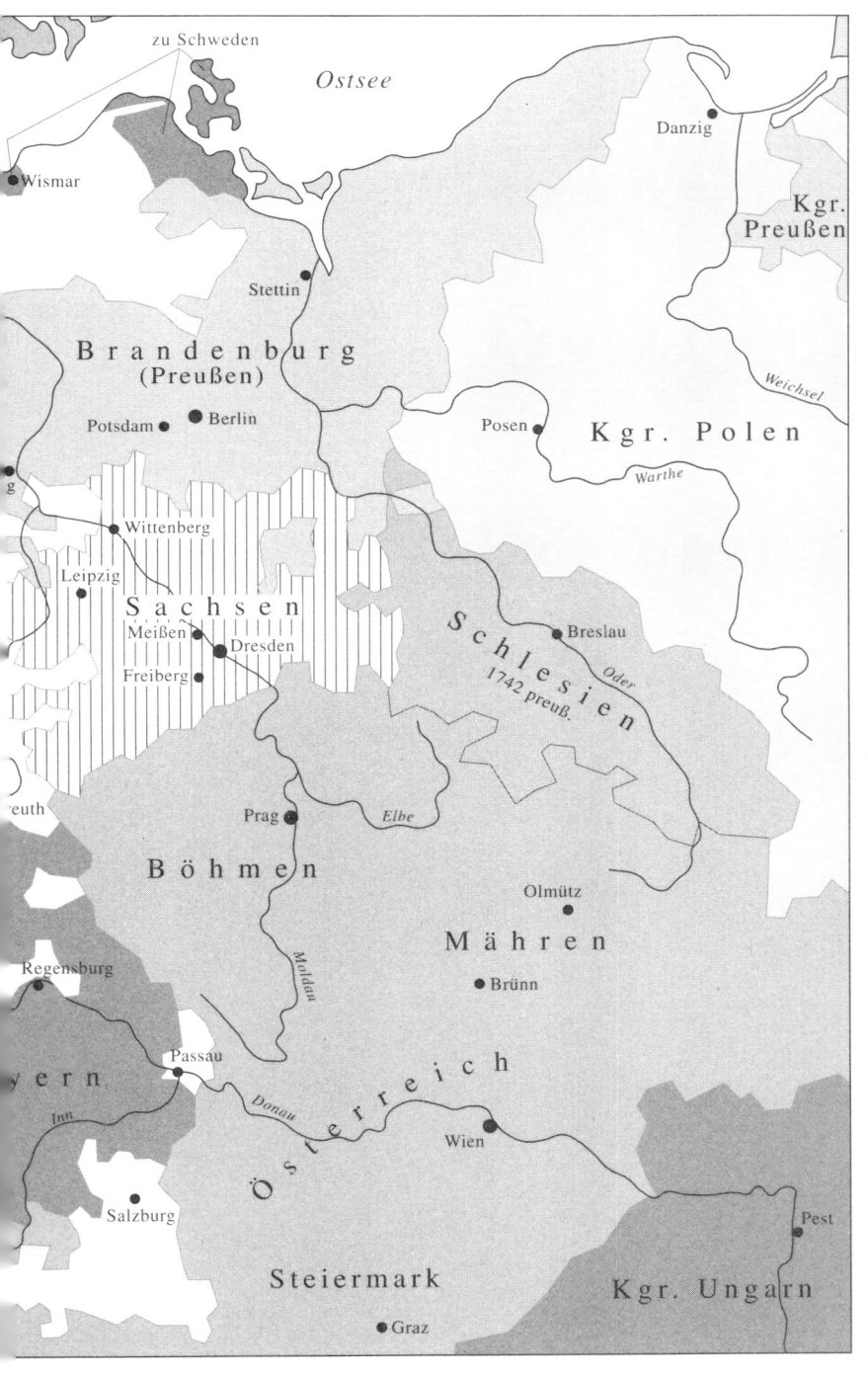

Janet Gleeson

Das weiße Gold
von Meißen

Aus dem Englischen von
Wolfgang Schuler

Diana Verlag
München Zürich

Titel der Originalausgabe: The Arcanum
Originalverlag: Bantam, London

ISBN 3-8284-5014-8

Für Paul, Lucy, Annabel
und James

Inhalt

I Der Alchimist

II Die Rivalen

III Porzellankriege

Einführung

Von diesem Platz, einer Stadt mit Namen Tingui, ist nichts weiter zu sagen, als daß dort Becher, Vasen und Schüsseln aus Porzellan hergestellt werden; das geschieht, wie man mir erklärt hat, auf folgende Weise: Es wird eine bestimmte Erdmasse gesammelt, die man wie Erz ausgräbt, und in großen Haufen liegengelassen, so daß sie etwa dreißig bis vierzig Jahre lang Wind, Regen und Sonne ausgesetzt ist. Auf diese Weise wird die Erdmasse für die Verarbeitung gereinigt. Dann wird sie mit entsprechenden Farben bemalt und im Ofen gebacken. Die Personen, welche die Porzellanerde graben lassen, sammeln sie also für ihre Kinder und Enkel.

Marco Polo, Ende 13. Jahrhundert

Am Anfang war Gold. Vor drei Jahrhunderten, als diese Geschichte begann, gab es zwei große Geheimnisse, die die Gelehrten unbedingt lüften wollten. Das erste ist fast so alt wie die menschliche Kultur: Es ist die Suche nach dem Arkanum, der Formel für den Stein der Weisen, eine geheimnisumwitterte Substanz, mit der unedle Metalle in Gold verwandelt werden und Menschen Unsterblichkeit erlangen sollten. Das zweite Geheimnis war zwar prosaischer, aber seine Entschlüsselung wurde nicht weniger herbeigesehnt: Wie wird Porzellan hergestellt – damals eines der begehrtesten und teuersten Materialien des Kunsthandwerks, Gold in Gestalt von Ton.

Als die ersten fernöstlichen Porzellanwaren an Bord portugiesischer Handelsschiffe nach Europa kamen, waren Könige und Kunstliebhaber fasziniert von dem durchscheinenden Glanz. Dieses wunderbare Material schimmerte wie die farbenprächtigen Seidenstoffe, mit denen die Schiffe beladen waren. Es war makellos weiß wie die Gischt, die sich auf der langen ungewissen Reise am Bug brach, so dünn wie Eierschalen, daß das Licht durchschimmerte, wenn man es gegen die Sonne hielt, und so rein, daß ein heller Klang ertönte, wenn man es leicht anstieß. Nichts in Europa war damit zu vergleichen.

Schnell wurde Porzellan ein Symbol für Prestige, Macht und guten Geschmack. Verkauft wurde es von Juwelieren und Goldschmieden, die die Untersätze und Gestelle dafür schufen, erlesen geformt aus Gold und Silber und mit kostbaren Edelsteinen besetzt, so daß es in jedem Palast und in jedem gut eingerichteten Herrenhaus zur Schau gestellt werden konnte. Überall grassierte die Chinamanie. Während die Nachfrage nach dem ehemaligen Frachtgut unaufhaltsam wuchs, stiegen auch die Preise für erstklassige Stücke. Sehr viel Geld wurde für Porzellan ausgegeben, ganze Vermögen wurden verschwendet, Familien ruiniert: Es war ein finanzieller Aderlaß für Europa. Allmählich dämmerte es einigen ehrgeizigen Duodezfürsten und Unternehmern, daß sie den gewaltigen Geldstrom nach Fernost in ihre eigenen Taschen lenken und sich unter ihresgleichen hervortun könnten, wenn es ihnen nur gelänge, selbst echtes Porzellan herzustellen. Damit begann der Wettlauf.

Man sammelte Tonproben, studierte und analysierte genauestens die Reiseberichte über die Porzellanherstellung in China. Der Mischung wurde Milchglas hinzugefügt, um den Schimmer zu erzielen. Auch Sand, Knochen, Muschelschalen und sogar Talkum wurden zugegeben, um das reine Weiß zu erreichen; unzählige Zusammensetzungen und Glasuren wurden ausprobiert. Doch das alles führte zu keinem Erfolg. Erst 1708 entdeckte ein in Ungnade gefallener junger Alchimist, der davon überzeugt war, daß er eines Tages Gold machen könne, nach langwierigen Experimenten in einem schmutzigen Verlies die Formel für die Porzellanherstellung. Darauf entstand in Meißen Europas erste Porzellanmanufaktur.

Sonderbar genug, daß die fabrikmäßige Herstellung von Porzellan ausgerechnet aus dem uralten Aberglauben hervorgegangen war, auf wunderbare Weise Gold schaffen zu können. Es war darüber hinaus eine Ironie der Geschichte, daß dieser Vorgang ein technischer Durchbruch auf dem Gebiet der analytischen Chemie und der Beginn einer der frühesten großen Manufakturbetriebe Europas war. Sogar die Chinesen mußten schließlich die Überlegenheit der Meißner Produktionsstätte anerkennen und begannen deren Entwürfe nachzuahmen. Bis heute ist sie die hervorragendste Porzellanmanufaktur aller Zeiten geblieben.

Dies ist die unglaubliche, aber wahre Geschichte jener drei Männer, die eines der großen Geheimnisse ihrer Zeit gelüftet haben; ihr Porzellan hat das aus dem Fernen Osten in den Schatten gestellt: Johann Friedrich Böttger, der Alchimist, der nach Gold suchte und Porzellan fand; doch er bezahlte letzten Endes seine Entdeckung mit dem Leben. Johann Gregor Höroldt, der ziemlich ehrgeizige Künstler, der Farben und Dekore von unvergleichlicher Brillanz entwickelte, wobei er zahlreiche begabte Gehilfen ausnutzte. Und Johann Joachim Kaendler, der hervorragende Bildhauer, der als Porzellanmodelleur eine neue Kunstform ins Leben rief.

Zugleich handelt dieses Buch von Verrat und Habgier, von einem skrupellos ehrgeizigen und verschwenderischen Fürsten, zu dessen Gier nach sinnlichen Genüssen auch das unersättliche Verlangen nach Porzellan gehörte. Und es handelt schließlich von der mörderischen Industriespionage, die im 18. Jahrhundert die Sicherheit des Arkanums, des Geheimnisses der Porzellanherstellung, bedrohte.

Es ist nun fast drei Jahrhunderte her, daß Porzellan nicht mehr Herz und Verstand von Gelehrten, Fürsten und Philosophen beherrscht. Für die meisten von uns ist Porzellan keine unvergleichliche Kostbarkeit mehr, sondern etwas, das man ohne Probleme im Kaufhaus erstehen kann. Als Hochzeitsgeschenk oder im Schaufenster gehört es zu den vertrauten Alltagsdingen. Wenn wir heutzutage den Tisch decken, eine Tasse Kaffee an den Mund setzen oder die Figuren auf einem Kaminsims umgruppieren, denken wir wohl kaum daran, daß im Grunde jedes Stück Porzellan auf die Bemühungen dieser außergewöhnlichen Männer zurückgeht – oder daß Porzellan einmal wertvoller war als Gold.

I Der Alchimist

Johann Friedrich Böttger
(Kupferstich, um 1715)

1. Auf der Flucht

Was in der ganzen Welt außer diesem göttlichen Stein der Chemiker, der Männer, die ihm nachjagen, zerstört besser ihren Verstand und ihre Existenz? Und wenn sie sich ihrem Ziel nähern, ist es gut, wenn ihre Gläser nicht geschmolzen oder zerbrochen werden, oder wenn böse Geister, wie Flamell warnt, nicht durch Mißgunst ihre Augen blenden und damit ihre Arbeit zunichte machen.

John Hall, 1650

Flucht war die einzige Alternative. Er hatte sein Versprechen, das er dem Kurfürsten gegeben hatte, nicht gehalten, weswegen er nun um sein Leben fürchtete. Am 21. Juni 1703 entkam ein dunkelhaariger, einundzwanzigjähriger Gefangener seinen ahnungslosen Wärtern, stahl sich heimlich davon und machte sich auf den Weg zum Treffpunkt, wo sein Komplize mit einem Pferd wartete, fertig angeschirrt für eine Reise in die Freiheit.

Mit einem hastig gemurmelten Abschiedsgruß und ohne sich umzusehen, bestieg der Flüchtling sein Pferd und machte sich eilig durch die engen mittelalterlichen Gassen Dresdens davon. Er passierte die befestigten Stadttore, mied die Brücke, die die Elbe in weitem Bogen überspannte, und hastete durch die weitläufigen schäbigen Vororte und dann hinaus in das fruchtbare Land rund um die sächsische Hauptstadt. Ein einziges Mal erst hatte er einen Blick auf das herrliche Panorama mit seinen Korn-, Flachs-, Tabak- und Hopfenfeldern geworfen, auf die Weinberge voller reifender Trauben. Das lag nun fast zwei Jahre zurück, als er schwer bewacht in die Gefangenschaft geführt worden war. Seit damals hatte ihn die Furcht verfolgt, er würde das nie mehr wiedersehen.

Als er weiter nach Süden ritt, wurde das Gelände hügeliger; die Straßen wurden gefährlicher. Der Weg war vom Regen und von den Rädern schwerer Wagen zerfurcht. Er wurde zu einer steilen Paßstraße, die sich durch enge Schluchten zog. Doch der Flüchtling eilte weiter, angetrieben von der Gewißheit, daß ihm ein Suchtrupp folgen würde, sobald man sein Verschwinden bemerkte. Es war nicht leicht, dem Kurfürsten zu entkommen. Er mußte möglichst viel Vorsprung gewinnen, bevor die Verfolgung begann. Sollte er wieder in Gefangenschaft geraten, würde er gewiß mit Folter und Tod bestraft.

Der Name des tollkühnen Flüchtlings war Johann Friedrich Böttger. Vor seiner verwegenen Flucht war er zwei Jahre lang Gefangener Augusts des Starken, des Kurfürsten von Sachsen und Königs von Polen, gewesen. Dabei war er kein Mörder, kein Dieb, keine Landesverräter. Er hatte lediglich erklärt, er glaube, daß er kurz davorstehe, das Arkanum zu entdecken, was praktisch jeder Fürst Europas auch wollte: die Formel für den Stein der Weisen, die Wundersubstanz, mit der man unedles Metall in Gold verwandeln wollte. August war fest entschlossen, als erster jemanden zu finden, der das Rätsel lösen konnte. Und wer ihm grenzenlosen Reichtum versprochen hatte, den konnte er doch nicht einfach laufenlassen. Böttger hatte gelobt, Gold zu machen, und hatte es nicht geliefert. Er konnte keine Gnade erwarten.

Im 20. Jahrhundert ist die Vorstellung, man könne bei einfachster Laborausrüstung mit einigen ausgesuchten Ingredienzen und ein paar Zaubersprüchen gewöhnliches Metall in Gold verwandeln, zweifellos absurd. Wir wissen heute, daß die einzige Möglichkeit, ein Element in ein anderes zu verwandeln, darin besteht, die Kerntechnik zu nutzen, es im Atomreaktor mit Neutronen zu beschießen. Doch selbst dann wäre der Ertrag an Gold äußerst gering, gemessen an der Energie und den Kosten. So abwegig heute die Vorstellung ist, so sehr waren Gelehrte und Mächtige im Europa zur Zeit Augusts des Starken von der Idee der Transmutation besessen, der Umwandlung eines Metalls in ein anderes, wertvolleres.

Bei diesem Prozeß drehte sich alles um den sogenannten Stein der Weisen. Was genau man sich darunter vorgestellt hat, ist schwer zu sagen. Wahrscheinlich hat er seit der Geburt der Wissenschaft in den alten Zivilisationen von Mesopotamien, Indien, China und Ägypten eine große Rolle gespielt. Später hatte er Konjunktur im antiken Griechenland und in der islamischen Welt. Nach und nach wurden arabische Texte ins Lateinische, die Sprache der Gebildeten im mittelalterlichen Europa, übertragen. Seit dem Mittelalter hatte der Glaube an die Alchimie ganz Europa erfaßt.

Trotz der beginnenden Aufklärung und der großen Fortschritte in der Wissenschaft dauerte im 17. Jahrhundert die Vorstellung vom Stein der Weisen im großen und ganzen an. Weit davon entfernt, darin einen Rest mittelalterlichen Aberglaubens zu sehen, hielten gerade die Väter der modernen Wissenschaft die Alchimie für eine seriöse Angelegenheit: Selbst auf Robert Boyle, der als erster Chemiker den gesetzmäßigen Zusammenhang zwischen Druck und Volumen der Gase entdeckte, und Sir Isaac Newton, den Begründer der modernen Physik, übte die Alchimie eine große Faszination aus.

Die Alchimie geht auf die Welterklärungsmodelle früher Philosophen zurück. Nach Aristoteles, dem die europäische Alchimie viel zu verdanken hat, besteht die Materie aus vier Elementen: Luft, Wasser, Feuer und Erde. Arabische Alchimisten, von deren Wort »al-kimiya« der europäische Begriff stammt, nahmen an, daß Metalle aus verschiedenen Verbindungen von Schwefel und Quecksilber zusammengesetzt seien. Je gelber das Metall, um so mehr Schwefel sollte es enthalten; daraus schlossen sie, daß Gold aus viel Schwefel bestand, während Silber hauptsächlich Quecksilber enthielt.

Mystizismus und Religion waren ebenfalls in dieses Weltbild verwoben. Astrologie schuf die Verbindung zwischen dem Universum und der menschlichen Existenz; klar, daß sie auch die Alchimie beherrschte. Danach standen alle Metalle mit bestimmten Himmelskörpern in Beziehung: Gold mit der Sonne, Silber mit dem Mond, Kupfer mit der Venus und so weiter. Man dachte sich das ganze Universum mit Leben erfüllt. Alles hänge von Gott ab oder stehe unter dem Einfluß der Planeten. Steine und Metalle entstünden danach ganz natürlich wie Pflanzen und Tiere. So wie ein Tier im Mutterleib heranwächst oder eine Pflanze am Boden gedeiht, so sollten auch die Erze aus Metallsamen tief in der Erde hervorgehen und durch die Kräfte der Natur zu großen Klumpen und ganzen Lagerstätten heranreifen.

Von allen Erzen, die die Erde wild wachsen ließ, galt den frühen Adepten Gold als das wertvollste. Der Stein der Weisen, Lapis philosophorum oder Rote Tinktur, war, so glaubte man, eine Substanz in der Erde, die gewöhnliches Metall dazu brachte, sich in Gold zu verwandeln. Daher wollte man diese Substanz finden oder herstellen, um sich die Natur mit Hilfe der Planeten oder göttlichen Beistands nutzbar zu machen. Denn dadurch könne man, so die verbreitete Meinung in den Alchimistenküchen, den natürlichen Wachstumsprozeß beschleunigen und jedes Metall in Gold umwandeln.

Dieses Ziel war ein Geheimnis, dessen Schlüssel man in den dunklen Schriften der antiken Weisen vermutete. Es ging also nicht nur darum, Mixturen herzustellen, man mußte auch die antiken Lehren zu enträtseln und zu verstehen versuchen; und damit waren die meisten Alchimisten beschäftigt. Diese alten Texte aber sind nur schwer zu verstehen. Ebenso kryptisch fielen die Beschreibungen der mittelalterlichen Experimente aus. Denn die Alchimisten verwendeten Begriffe, die in ein geheimnisvolles Dunkel gehüllt sind. In ihren versponnenen Ausführungen und ihren rätselhaften Diagrammen ist die Rede von Rubin, schwarzen Raben, Löwen, unberührten Jungfrauen und goldenen Mänteln. Ihre Ingredienzen – Mixturen aus Pferdedung, Kinderurin, Salpeter, Schwefel, Quecksilber, Arsen, Blei – tragen bewußt dunkle symbolträchtige Namen, und ihre Entdeckungen sind in einer unklaren Sprache beschrieben.

Tarnung und Irreführung sollten gewährleisten, daß jedes erfolgreiche Experiment sicher war vor habsüchtigen Uneingeweihten, die den tieferen Sinn ihrer Suche gar nicht ganz begriffen. Denn den wahren Adepten ging es nicht um Reichtum, sondern um die einzigartige Vollkommenheit des Goldes und seine Resistenz gegen Zersetzung – denn darin lag der Schlüssel für die Unsterblichkeit.

Doch wie bereits Böttger zu seinem Leidwesen erfahren hatte, wurde das wahrhaft edle Streben nur allzuoft jenen geopfert, die reich genug waren, solche Goldmachereiexperimente zu finanzieren. August und seine fürstlichen Genossen überall in Europa waren nur am finanziellen Gewinn interessiert. Deswegen unterstützten sie die Forschungsarbeit der Alchimisten, was aber das Verständnis der Welt erweiterte. Um fürstlichen Reichtum und Ruhm zu vermehren, wurde die Technologie verbessert und der Handel angekurbelt. Die Alchimisten entwickelten Laborgeräte sowie experimentelle Methoden und Herstellungsverfahren, was unter anderem zur Glasmacherkunst oder zur Produktion künstlicher Perlen führte. Das alles bildete das Fundament der modernen angewandten Chemie.

August der Starke war sich der Gefahren nur zur bewußt, die mit der Finanzierung der Goldmacherkunst verbunden waren. Mit leichtgläubigen Fürsten hatten die zahllosen Scharlatane und Gauner ein leichtes Spiel. Diese zogen durch Europa und versuchten jene hinters Licht zu führen, indem sie wirkliches Gold verlangten für das bloße Versprechen, es tausendfach zurückzuzahlen. Wer dabei erwischt und für schuldig befunden wurde, den erwartete eine harte Strafe: Folter und schändlicher Tod – meist am flittergoldverzierten Galgen. Doch viele gingen dieses Risiko ein.

War Böttger ein Betrüger? Der Kurfürst jedenfalls hatte ihn bis jetzt nicht dafür gehalten. Denn solange Böttger sein Gefangener war, hatte August beträchtliche Summen für Geräte, Gehilfen und Grundsubstanzen ausgegeben. Nach diesem Fluchtversuch jedoch würde er sich die Sache gewiß noch einmal gründlich durch den Kopf gehen lassen.

Dieser ernüchternde Gedanke muß den flüchtenden Alchimisten völlig beherrscht haben, als er in der Nacht davonritt und nur anhielt, wenn sein Pferd etwas Erholung brauchte. Vier Tage ging es nach Süden. Er überquerte die Grenze nach Böhmen. In Enns nahe der Donau machte er Rast. Hier, in der Anonymität des geschäftigen Treibens, konnte er zeitweilig seine Spuren verwischen, bevor er seine Reise von Österreich nach Prag fortsetzte.

Doch den Fängen Augusts entkam man nicht so leicht. Seine Soldaten gaben die Verfolgung nicht auf. Am 26. Juni 1703 spürten sie Böttger in einem unauffälligen Wirtshaus auf, wo er sich einquartiert hatte. Er wurde unverzüglich festgenommen und unter strenger Bewachung zurück nach Dresden gebracht. Die Soldaten, denen seine Verzweiflung nicht entging, ließen ihn nicht aus den Augen. Daher gab es keine weitere Fluchtgelegenheit. Dafür hatte er nun reichlich Zeit, sich zu überlegen, wie wohl der Kurfürst eine solche Dreistigkeit bestrafen würde.

In Dresden dachte mittlerweile August der Starke darüber nach, was er angesichts Böttgers Widerspenstigkeit unternehmen sollte. Dazu holte er den Rat der beiden Männer ein, die er zu Oberaufsehern seines Gefangenen ernannt hatte: Bergrat Pabst von Ohain, Leiter der Silbermine in Freiberg, und Kammerrat Michael Nehmitz.

Da Pabst von Ohain ein sehr gut ausgebildeter Wissenschaftler war, der sich insbesondere für Mineralogie interessierte, war er als Aufseher für Böttger eine gute Wahl. Hilfreich besorgte er die notwendigen Rohmaterialien. Nehmitz dagegen konnte den ungestümen, seines Erfolges allzu sicheren Adepten nicht ausstehen, und er machte von allem Anfang an aus seiner Abneigung kein Hehl. Es hätte ihm wahrscheinlich wenig ausgemacht, wenn der Gefangene hingerichtet worden wäre.

Doch glücklicherweise hatte Pabst von Ohain noch immer einen günstigen Eindruck von seinem Schutzbefohlenen, der so viel Ärger machte. Heftig plädierte er für Milde und bat den Kurfürsten, des Alchimisten Leben zu schnen. Er hielt Böttger keineswegs für einen Scharlatan: Etwas Ungewöhnliches sei in ihm verborgen. Böttger sah die Gefahr, in der er schwebte, flehte den Fürsten an, ihn zu schonen, und gelobte schriftlich, niemals mehr einen

Fluchtversuch zu unternehmen und sich nur noch der Goldmacherkunst zu widmen.

August war sich nicht ganz klar, was er eigentlich wollte. Er hatte bereits um die 40 000 Taler investiert, um Böttgers Laboratorium auszurüsten und dessen Gehilfen zu bezahlen; das war eine Menge Geld auch für einen wie ihn, der ein verschwenderisches Leben führte. Böttger schien seines Erfolges sicher wie eh und je, auch war seine Reue wohl echt. Pabst von Ohain, den der Kurfürst sehr schätzte, glaubte an Böttger. Trotz des Fluchtversuchs schenkte ihm auch der Kurfürst weiterhin Vertrauen. Böttgers wissenschaftliche Kenntnisse und sein Scharfsinn waren sehr groß. Nach langwierigen Besprechungen mit seinen Ratgebern entschied sich August, Böttgers Leben zu schonen. Doch er gab Befehl, ihn noch strenger als zuvor zu bewachen. Früher oder später würde Böttger einen Weg finden, Gold zu machen – davon war der Kurfürst fest überzeugt.

2. Transmutation oder Illusion

*Wen[n] ich solches gewußt, als dann kundt geworden, ich
hätte den Purschen von mir nicht laßen wollen, sondern
an eine starcke eiserne Kette anlegen laßen und nicht eher
los gelaßen, bis er mir solche ʒu Golde gemacht [...].*

Friedrich Zorn in einem Brief an Heinrich Linck
vom 28. Dezember 1701

Im an Abwechslung reichen Leben des Johann Friedrich
Böttger gab es öfter solche verwegenen Unternehmungen; dieser Ausbruch war auch keineswegs der erste. Geboren wurde er am 4. Februar 1682 in der mitteldeutschen
Stadt Schleiz. Seine Eltern stammten aus Magdeburg. Seine Vorfahren mütter- und väterlicherseits hatten alle mit
Gold zu tun gehabt. Böttgers Großvater väterlicherseits
war Goldschmiedemeister gewesen. Sein Vater, Johann
Adam, hatte am Münzamt gearbeitet; auch er soll sich, wie
es hieß, mit der Goldmacherkunst eingelassen haben. Böttgers Mutter Ursula war die Tochter von Christoph Pflug,
dem Leiter der Magdeburger Münze. Er war das dritte
Kind, geboren zwei Jahre nachdem sein Vater die Leitung
der neugegründeten Münzstätte in Schleiz übernommen
hatte.

Johann Adam Böttgers Karriere in Schleiz war ziemlich
kurz. Es ist schon sonderbar, bedenkt man den späteren
Werdegang seines Sohnes, daß die Münzen dort weniger
Gold und Silber enthielten als vorgeschrieben, weswegen
sie nicht akzeptiert wurden. Die Münze mußte vor dem ersten Geburtstag des Kindes schließen; und sein Vater verlor seinen Posten. Die Familie sah keine andere Möglich-

keit, als nach Magdeburg zurückzukehren, wo Johann Adam plötzlich erkrankte. Er starb noch im selben Jahr, kurz vor der Geburt seines vierten Kindes. Der Mutter, einer jungen Witwe mit vier kleinen Kindern, für die gesorgt werden mußte, ohne daß es Aussicht auf finanzielle Unterstützung gab, muß die Zukunft alles andere als rosig erschienen sein. Die einzige realistische Möglichkeit für ein leidlich sorgenfreies Auskommen lag darin, sich noch einmal zu verheiraten. Doch einen Ehemann zu finden, der eine solche Last übernehmen würde, war nicht gerade einfach.

Magdeburg hatte im Dreißigjährigen Krieg sehr gelitten. Die Bevölkerung war von 30 000 auf nur 5000 zurückgegangen. Die verarmte Stadt war jedoch jüngst an Brandenburg-Preußen gefallen. Als die Böttgers zurückkamen, drängten sich preußische Beamte in der Stadt, von denen viele mit dem Wiederaufbau beschäftigt waren. Unter ihnen gab es einen Fachmann für Festungsbau, der die Arbeiten an den Wallanlagen beaufsichtigte: Johann Friedrich Tiemann. Als Witwer mit einem Sohn und einer Tochter mußte auch er an eine Wiederverheiratung denken. Ursula hatte zwar viel zu erdulden gehabt, doch war sie noch immer hübsch, und erregte nun glücklicherweise Tiemanns Aufmerksamkeit. Er war Architekt und Ingenieur und hatte einen ordentlichen beruflichen Werdegang hinter sich. Ihr muß er als höchst erwünschter Freier erschienen sein. Er hatte großes Verständnis für ihre Situation. Und da er selbst Kinder hatte, begegnete er ihren sehr freundlich. Sein bereitwillig angenommener Heiratsantrag, ein Jahr nach dem Tod ihres Ehemannes, eröffnete ihr und ihrer Familie eine sichere Zukunft. Geheiratet wurde 1683. Der Stiefvater nahm aktiv an der Erziehung des jungen Sohnes seiner Frau teil, der auch noch denselben Vornamen trug. Als der Junge heranwuchs, zeigte sich bald seine angeborene Intelligenz. Mit acht Jahren konnte er lesen und flüssig schreiben. Sein Stiefvater half ihm, Latein zu lernen, das der Junge genauso schnell beherrschte wie Geometrie und Mathematik. Doch obwohl er sich für alle diese Fächer interessierte, zeigte er von früh an eine besondere Vorliebe für Chemie. Zu seinen Jugendfreunden zählte Johann Christoph Schrader, der das Apothekerhandwerk erlernen sollte, was das Interesse des jungen Böttger weckte. Auch seine Eltern waren bald überzeugt, daß dies der richtige Beruf für ihn sei. Tiemann, stets bereit, Böttgers Begabung zu fördern, erreichte es, daß der Vierzehnjährige bei einem bekannten Apotheker in Berlin, Friedrich Zorn, in die Lehre ging.

Böttger war fleißig und begabt und eignete sich so viele Kenntnisse wie möglich an. Eifrig lernte er in der Apotheke am Neumarkt: Am Tage arbeitete er unermüdlich, und bis tief in die Nacht wälzte er Bücher. Seine ungewöhnliche Hingabe an seine Studien wurde von den anderen Lehrburschen verspottet. Doch deren Sticheleien minderten nicht seinen Wissensdurst. Durch seine Leidenschaft für Chemie lernte er führende Naturforscher Berlins kennen, die ihn unterstützten, darunter auch den Chemiker Johann Kunckel. Der war in den siebziger Jahren des 17. Jahrhunderts als Alchimist am sächsischen Hof tätig gewesen. Er hatte den Kurfürsten so sehr davon überzeugt, daß er gewöhnliche Metalle in Gold verwandeln könne, daß der Fürst ihm die Bezahlung verweigerte mit der Begründung: Er, Kunckel, brauche kein Geld, da er es ja selbst herstellen könne. Um der drohenden Festnahme durch habgierige Höflinge, die ihm das Geheimnis entreißen wollten, zu entgehen, sah er sich gezwungen, an die Universität von Wittenberg zu gehen. Von hier wurde er von Friedrich

25

Wilhelm, dem Großen Kurfürsten, mit dem Versprechen nach Preußen gelockt, daß er ein ordentliches Gehalt und den Titel eines Hofchemikers erhalten werde.

Kunckel interessierte sich für Alchimie im weitesten Sinne. Seine Forschungsarbeiten hatten zur Herstellung des Rubinglases geführt. Tief beeindruckt war er von der besonderen Vorliebe des jungen Lehrlings für Chemie. Ermutigt von dieser bemerkenswerten und klugen Persönlichkeit, studierte Böttger gründlich Kunckels einflußreiche Abhandlung *Ars vitraria experimentalis oder Vollkommene Glasmacherkunst*, die genaue Informationen über die Herstellung von Glas, Email und Keramik enthält. Kunckel wurde so etwas wie ein Mentor für den jungen Böttger, den er auf sein Landgut einlud und dessen wachsende Faszination er durch analytisches Experimentieren vertiefte. Wissenschaftliche Forschung, erklärte Kunckel, gründe auf praktisches Experimentieren, und dies sei der Weg, den Böttger einschlagen solle.

Böttgers Chemiekenntnisse wuchsen. Immer mehr ergriff die Idee von ihm Besitz, das Arkanum für den Stein der Weisen zu finden. Seine feste Überzeugung, daß eine solche Entdeckung möglich sei, wurde wahrscheinlich durch seine Bekanntschaft mit einem geheimnisumwitterten griechischen Mönch namens Laskaris genährt, der, so hieß es, das Geheimnis der Transmutation kenne. Böttger vertiefte sein Verhältnis zu Laskaris und überredete ihn schließlich, etwas von dem Zauberpulver herauszugeben, von dem Laskaris behauptete, es sei der Stein der Weisen.

Die geheimnisvolle Substanz und einige vage Anweisungen, wie man mehr davon herstellen könne, machten Böttger zuversichtlich, daß er nun kurz vor einem Durchbruch stand. Er begann mit einigen Transmutationsexperimenten. Die ersten heimlichen Versuche fanden zur

Nachtzeit in Zorns Laboratorium statt, wenn die übrigen Lehrburschen bereits schliefen oder außer Haus waren, um sich zu vergnügen. Als Zorn entdeckte, was Böttger trieb, warnte er ihn mit eindringlichen Worten vor den Gefahren auf diesem Weg und verbot ihm weiterzumachen: Alchimisten hätten jahrhundertelang nach dem Stein der Weisen gesucht – ohne Erfolg. Wer dazu angeblich in der Lage sei, müsse das Risiko strenger Bestrafung eingehen. Böttger verschwende seine Zeit. Er sei besser beraten, sich auf die Zubereitung von Heilmitteln zu konzentrieren, was ihm eine sichere Zukunft garantiere.

Böttger fand, daß die Aussicht, Pillen zu drehen, nur ein schwacher Ersatz für die Aufregungen der Alchimie sei. Angespornt von verschiedenen Gönnern und Freunden, darunter ein Krämer namens Röber, der einige Forschungsarbeiten Böttgers finanziert hatte, setzte dieser seine Experimente an verschiedenen geheimen Orten fort. Mehrmals verließ er heimlich seine Wohnstätte im Haus seines Meisters; manchmal verschwand er wochenlang. Dann tauchte er hungrig, ohne einen Pfennig und reumütig auf und bat, wieder aufgenommen zu werden. Und jedesmal setzte er im verborgenen seine Experimente fort, obwohl er das Gegenteil beteuert hatte.

Nach fünfjähriger Lehrzeit bei Zorn begann der neunzehnjährige Böttger im Jahr 1701 gelegentlich geheime Schauveranstaltungen abzuhalten. Dabei überzeugte er seine engsten Freunde, daß er verschiedene Metalle in kleine Mengen Gold verwandeln konnte. Wer als Augenzeuge zu diesen Experimenten eingeladen wurde, mußte strengste Geheimhaltung geloben. Doch wenn sie einmal Böttger bei der Arbeit gesehen hatten, waren sie so beeindruckt, daß nur wenige Stillschweigen bewahrten. Die Gerüchte ermöglichten es Böttger, Gelder für noch packendere Versuche zu besorgen, gerade mal mit der Versicherung, daß er jeden Kredit mit einem Vielfachen an Gold zurückzahlen werde, das er alsbald herstellen würde.

Mittlerweile war er sogar selbst überzeugt, daß er das geheime Arkanum kannte. Seiner Mutter schickte er Münzen und versicherte ihr, daß sie nie mehr hungern müsse. Im Glanz seines großen Durchbruchs bat er sie inständig, nach Berlin zu kommen, und überredete Zorn, ihn aus der Lehre zu entlassen. Offenbar hat Frau Tiemann ihrem Sohn geglaubt, und das hat wohl Zorn überzeugt, daß Böttger Geselle werden solle, ein Handwerker im Ausbildungsrang zwischen Lehrling und Meister; er konnte für Lohn arbeiten, durfte aber niemanden einstellen. Obwohl Zorn seinen Schüler für halsstarrig und in Sachen Alchimie für unbelehrbar verblendet hielt und Böttger Kritik nicht ausstehen konnte, scheinen die beiden einander doch ein besonderes Vertrauen bewahrt zu haben. Es sollte nicht mehr lange andauern.

Einige Wochen nach seiner Gesellenprüfung, am 1. Oktober 1701, kam Böttger zu dem Entschluß, den zweifelsfreien Nachweis zu erbringen, daß Transmutation möglich sei. Er lud Zorn und dessen Frau ein, damit sie bei einem sehr wichtigen Experiment assistierten, das sie überdies bezeugen sollten. Obwohl Zorn skeptisch blieb, stimmte er zu. Zwei Freunde, die gerade anwesend waren, wurden ebenfalls eingeladen.

Dann war es soweit. Mit theatralischer Geste ergriff Böttger einen leeren Tiegel und stellte ihn ins Feuer, das fleißig geschürt wurde. Die Blasebälge arbeiteten, bis der Tiegel hell aufglühte. Jemand nahm 15 Silbermünzen, die er in das Gefäß fallen lassen sollte, um sie zu schmelzen. Mittlerweile hatte Böttger dem anderen Zeugen ein geheimnisvolles Pulver, eingewickelt in ein Stück Papier, übergeben, der es dem geschmolzenen Metall zufügte. Darauf wurde der Tiegel zugedeckt. Die Substanzen sollten sich vermischen, vereinigen und, wenn man Böttger Glauben schenkte, transmutieren. Die Spannung in dem schmuddeligen Raum wuchs, Dunst wallte vom Tiegel auf. Da nahm Böttger ihn von der Glut und goß den weißglühenden Inhalt in eine Form.

Vor den Augen der Anwesenden kühlte die silbrige Flüssigkeit ab und nahm die Farbe Goldgelb an.

Am nächsten Tag war das geschmolzene Metall zu einem Barren geronnen. Er wurde streng geprüft und analysiert. Entgegen jedermanns Erwartungen – Böttger ausgenommen – stellte sich heraus, daß es reines Gold war.

Dieses Blendwerk war nur möglich, wenn Böttger irgendwann die Silbermünzen durch Gold ersetzt hatte oder auch das feste Metall, das dann geprüft wurde. Aber wie das genau geschehen war und woher er das notwendige Gold beschafft hatte, bleibt ein Geheimnis. Eines jedoch stand außer Frage: Alle Zeugen, auch der skeptische Zorn, waren gewonnen.

Böttger war zwar ein unverbesserlicher Angeber, aber nicht wirklich ein Scharlatan. Er hatte die feste Überzeugung, daß Transmutation möglich sei. Und er wußte auch um die Gefahren solcher Unternehmungen. Schon als er seine Demonstration inszeniert hatte, muß ihm seine Tollkühnheit aufgegangen sein. Er bat daher Zorn und seine Freunde, niemandem zu erzählen, was sie gesehen hatten. Doch wie schon seine früheren Zeugen waren sie so sehr von Böttgers offenkundiger Fähigkeit in Bann gezogen, daß sie es sich nicht verkneifen konnten, einem oder zwei ausgewählten Kollegen oder Bekannten davon beiläufig zu berichten. Und so war es unvermeidlich, daß sich die Neuigkeit verbreitete.

Zorn war derart beeindruckt, daß er einem Kollegen in Leipzig schrieb, wovon er Augenzeuge geworden war: »Nur dienet zur Nachricht wegen meines gewesenen Discipuli, daß in Gegenwart meiner [...] alsofort das feinste Gold an 3 Loth schwer geworden und alle Proben ausgehalten [...].« Interessanterweise landete dieser Brief in den Akten des Geheimen Kabinetts Augusts des Starken. Die Kunde von dem Experiment kam auch dem berühmten Philosophen und Mathematiker Gottfried Wilhelm Leibniz zu Ohren. Einen knappen Monat nach der Vorführung schrieb er an die Kurfürstin, Sophie von Hannover: »Man sagt, daß der Stein der Weisen hier blitzartig aufgetaucht [...] ist [...] Ich bin außerordentlich neugierig, was sich daraus entwickeln wird. Denn ich zögere, allem Glauben zu schenken, wage jedoch nicht, so vielen Zeugen die Stirn zu bieten, da ich absolut keine gültigen Gründe finden kann, die ihre Aussagen widerlegen könnten.« Bald darauf berichteten sogar ausländische Zeitungen über die unglaubliche Transmutation in Berlin.

Mittlerweile hatte die Neuigkeit den nahen preußischen Hof erreicht. Der Kurfürst von Brandenburg war erst jüngst als Friedrich I. König in Preußen geworden. Genauso habgierig und ehrgeizig wie sein sächsisches Gegenstück, suchte er verzweifelt nach Gold, um seinen extravaganten Lebensstil zu finanzieren. Einer, der Gold machen konnte, würde seine Geldprobleme leicht lösen und ihm den Neid ganz Deutschlands eintragen. Als er von dem Vorgang hörte, zitierte er alsbald den Apotheker Zorn mit dem Gold, das Böttger hergestellt hatte, zu sich. Der König befragte Zorn eingehend nach dem Experiment. Sichtlich beeindruckt von dem Bericht aus erster Hand, befahl er Zorn, er solle am nächsten Tag mit seinem Schüler zurückkehren. Das Gold nehme er unterdessen in seine Obhut.

Als Böttger hörte, daß ihn der König zu sehen wünschte, begriff er sogleich, daß sein Schicksal besiegelt war. Friedrich war bekannt für seine Unbarmherzigkeit, wenn er auf Widerstand stieß. Böttger wußte, daß sich sein Experiment nicht unter Umständen wiederholen ließ, die er nicht unter Kontrolle hatte. Daher sah er Folter und Tod voraus für den Fall, daß sein Schwindel aufgedeckt würde. Da er ein derart unerfreuliches Ende nicht heraufbeschwören wollte, entschied er sich für einen typisch melodramatischen und verwegenen Plan. Anstatt sich auf sein Treffen mit dem König vorzubereiten, wartete er den Einbruch der Nacht ab und stahl sich heimlich davon. Für die nächsten beiden Tage fand er Unterschlupf in dem nahen, aber abgelegenen Haus seines Krämerfreundes Röber, während er Kunckel eine Nachricht schickte, in der er um Hilfe bat.

Am preußischen Hof durchschaute inzwischen Friedrich sofort, daß da etwas falsch gelaufen war. Er sandte Suchtrupps aus, die den unfolgsamen Alchimisten aufspüren sollten. Überall in der Stadt verkündeten Bekanntmachungen und Anschlagzettel, daß der König 1000 Taler auf die Ergreifung Böttgers ausgesetzt habe. Böttger wußte, daß bei einem solchen Kopfgeld seine Chancen, in Berlin der Gefangennahme zu entgehen, sehr gering waren. Und vermutlich mußte auch Röber daran gelegen sein, einen derart gefährlichen Hausgast schnell loszuwerden. Flucht aus dem Land schien der einzige Ausweg. In der dritten Nacht überredete Böttger einen mitfühlenden Verwandten Röbers, ihn in einem Planwagen aus Preußen hinauszubringen. Für die gefährliche Hilfeleistung bezahlte er zwei Dukaten und versprach wie immer, einen Sack Gold nachzuliefern – sobald er Zeit finde, es zu machen.

Zusammengekauert auf dem Boden des Wagens, wurde Böttger über die preußische Grenze in die vergleichsweise sichere mittelalterliche Stadt Wittenberg gebracht. Hier nahm er sich ein Zimmer, verhielt sich ganz unauffällig und schrieb sich als Student an der medizinischen Fakultät der Universität ein. Zu ihr hatte Kunckel noch Verbindung. Sie rührte von der Zeit her, als er dort das »Collegium Chymicum experimentale« geleitet hatte. Böttger hatte ihm hoch und heilig versprechen müssen, daß er dort seine Studien fortsetzen werde.

Die Kunde von der geglückten Flucht Böttgers kam auch an den königlichen Hof. Friedrich, dem eine solche schreiende Verhöhnung seines Willens fremd war, war entschlossener denn je, des Entflohenen habhaft zu werden. Er setzte einen Mann seines Vertrauens, Leutnant Menzel, mit einem Sonderkommando in Marsch, damit er Böttger ausfindig mache und um jeden Preis zurückbringe.

Es war für Menzel nicht schwer, seine Beute aufzuspüren. Die Grenze zu Sachsen, ganz offensichtlich das Ziel der Flucht, verlief gerade einmal 50 Kilometer südwestlich. Allerdings waren die diplomatischen Beziehungen zwischen Preußen und Sachsen, wenn auch gegenwärtig ganz friedlich, grundsätzlich gefährdet. Daher hielt sich der Leutnant streng an das Protokoll, das vorsah, daß die Genehmigung des Vertreters des Kurfürsten in Wittenberg eingeholt werden mußte, bevor er jemanden festnehmen konnte. Menzel ließ seine Soldaten außerhalb der Stadtmauern kampieren und ersuchte um eine Unterredung mit dem Kreisamtmann Johann von Ryssel, von dem er eine formelle Erlaubnis erbat, jemanden »gewißer Ursachen halber« festnehmen zu dürfen, der sich der preußischen Justiz entzogen habe.

Solche Ersuchen wurden natürlich nicht alle Tage gestellt, und Ryssel schöpfte sofort Verdacht. Warum wurde ein gewöhnlicher Flüchtling von einem Sonderkommando, bestehend aus einem Dutzend Soldaten, verfolgt? Die Sache mußte genau untersucht werden, bevor man dem Ansinnen nachkam.

Vorsichtshalber stellte Ryssel Böttger unter sächsische Bewachung und setzte seine Untersuchung des Falles fort. Zu allem Unglück tauchte auch noch Röber in Wittenberg auf. Besorgt um seine eigene Sicherheit, verriet er bald den wahren Grund, warum die Preußen den Flüchtling wiederhaben wollten: Böttger kannte das Geheimnis, wie man Gold machen konnte.

Als Ryssel dies vernahm, begriff er sofort, wie delikat die Angelegenheit war, und schickte sogleich eine Nachricht an den Kurfürsten in Dresden. Böttger sah, wie sich die Schlinge um seinen Hals zuzog, und kam zu dem Schluß, daß seine Überlebenschancen bei August dem Starken größer seien als bei Friedrich. Also schrieb er an den Landesherren einen Brief, in dem er um Schutz vor den Preußen bat. Doch August war gerade in Polen. Vorschriftsmäßig wurde ein Bote nach Warschau geschickt. Es dauerte mehrere Tage, bis er dort eintraf.

Während Tage und Wochen ins Land gingen, wuchs die Ungeduld Friedrichs I. und des Leutnants Menzel. Dieser versicherte Ryssel, daß es kein Geheimnis um den Gefangenen gebe, der sei nur ein gewöhnlicher, wenn auch gefährlicher Verbrecher mit einem langen Strafregister. Von Berlin drohte Friedrich mit militärischer Intervention, falls Ryssel sich nicht füge, dessen engstirniger Starrsinn noch zu einem richtigen Krieg führen werde. Doch Ryssel blieb standhaft; dieser Lärm konnte ihn nicht beeindrukken. Preußen würde geduldig auf die Antwort Augusts warten müssen. Bis dahin geschehe amtlicherseits gar nichts.

Polen-Sachsen war in den langen und kostspieligen

Großen Nordischen Krieg (seit 1700) mit Schweden verwickelt, in dem August alle größeren Schlachten verlieren sollte. Gold wurde dringend benötigt, um die leeren Truhen wieder zu füllen. Als August von einem Goldmacher hörte, muß ihm das wie ein Gottesgeschenk erschienen sein. Allerdings wollte er unter keinen Umständen in eine Auseinandersetzung mit Preußen verwickelt werden. Denn wenn er nicht umsichtig vorging, konnte die Situation schnell zu einem größeren diplomatischen Zwischenfall eskalieren. Er beschloß daher, auf Zeit zu spielen. Fast zwei Monate waren seit Böttgers Ankunft in Wittenberg vergangen, als schließlich Instruktionen an Ryssel und den preußischen Gesandten ergingen. Darin wurde verfügt, daß jedes Auslieferungsersuchen, das sich auf diesen Flüchtling beziehe, direkt an den Kurfürsten weiterzuleiten sei. Dieser werde seine eigene Untersuchung vornehmen. Das Schicksal des Neunzehnjährigen, dessen einziges Verbrechen darin bestand, ein oder zwei unterhaltsame Zauberkunststücke vorgeführt zu haben, war nun zu einer Angelegenheit von internationaler Bedeutung geworden.

Da er im Grunde keine Rechtfertigung hatte, die Auslieferung Böttgers an Preußen zurückzuweisen, kam August auf die Idee, Böttgers Geburtsort Schleiz als Vorwand zu nutzen. Denn das Städtchen gehörte nicht zu Preußen, sondern zu Sachsen, also unterstand Böttger eigentlich dem sächsischen Kurfürsten. Doch selbst bei diesem gewichtigen Argument blieben die Preußen unerschütterlich; niemals, so ließen sie verlauten, würden sie ohne Böttger zurückkehren. Da beschloß August, den gefangenen Alchimisten in sichererem Gewahrsam nach Dresden zu bringen, bevor die Preußen überhaupt begriffen hätten, was da vor sich ging. Statthalter Anton Egon Fürst von Fürstenberg, der ebenfalls an die Alchimie glaubte, erhielt den Befehl, Böttger unter strenger Bewachung nach Dresden zu geleiten. Auf keinen Fall dürfe dieser Sachse in die Hände der Preußen fallen.

Die Nacht-und-Nebel-Aktion spricht dafür, daß Fürstenberg die Preußen tatsächlich für eine reale Bedrohung gehalten hat. Um zu verhindern, daß der preußische Trupp den Arrestanten auf dem Weg nach Dresden aufgriff, wurde Böttger am 24. November 1701 um vier Uhr früh geweckt und in eine wartende Kutsche gesteckt, und los ging es über dunkle Nebenstraßen. Begleitet wurde er von sechzehn Reitern. Ein Stoßtrupp ritt voraus, um nach preußischen Soldaten Ausschau zu halten. Um die Preußen glauben zu machen, Böttger befinde sich nach wie vor in Wittenberg, blieben weiterhin sächsische Soldaten als Wachposten vor seinen Räumen stehen, so wie sie es die letzten Wochen getan hatten. Auch wurde noch zwei Tage lang Essen in die Räume gebracht.

Allmählich merkten die Preußen, daß sie überlistet worden waren. Böttger war in Sicherheit, außerhalb ihrer Reichweite. Vier Tage später, am 28. November, erreichte Böttger Dresden. Er wurde im sogenannten Goldhaus festgehalten, einem Teil des Schlosses, der bereits als Laboratorium eingerichtet war. Und August dekretierte, ab sofort habe Böttger als Gefangener Sachsens zu gelten. Er werde die Freiheit erst wiedergewinnen, wenn er das Geheimnis der Goldmacherkunst preisgebe.

3. Der fürstliche Menschenfänger

Der König ist ein gutaussehender Fürst, der zu gefallen versteht und die Herzen jener gewinnt, die ihn sehen [...] Vergnügungssucht und Ehrgeiz sind die ihn beherrschenden Leidenschaften, aber nach dem Vergnügen verlangt er doch wohl noch stärker: Nur zu oft haben ihm seine Vergnügungen einen Erfolg verwehrt, aber noch nie hat er sich von der Ambition bei einem Vergnügen stören lassen [...] Geld braucht er nur als Mittel zum Zweck und zur Erreichung seiner Ziele, und eben darum sind ihm zur Geldbeschaffung alle Mittel recht und alle Menschen genehm [...] Er verlangt zwar nicht, daß das nötige Geld mit unlauteren Mitteln besorgt wird, aber wenn es doch geschieht, bereitet ihm das kein Unbehagen; und wenn er einem anderen die Verantwortung dafür zuschieben kann, fühlt er sich frei von aller Schuld.

Jakob Heinrich Graf von Flemming, 1722

August der Starke, in dessen Hände Böttger gefallen war, führte ein sehr ausschweifendes Leben. Er folgte 1694 seinem verstorbenem Bruder Johann Georg IV. in der Kurwürde. Obwohl er eines der größten und bedeutendsten Länder Deutschlands regierte, das in Hunderte kleiner Fürstentümer zersplittert war, konnte das seinen krankhaften Ehrgeiz nicht befriedigen. Er strebte nach dem absoluten Königtum eines Ludwig XIV. von Frankreich. Er träumte davon, einmal als mächtigster Herrscher in Deutschland sogar den Sonnenkönig in den Schatten zu stellen.

Um in der Hierarchie Europas aufzusteigen, wollte er sein Herrschaftsgebiet erweitern. Drei Jahre nachdem er die Kurwürde erlangt hatte, bewarb er sich um die Königskrone Polens. Um die Sache zu seinen Gunsten zu beeinflussen, gab er die protestantische Konfession seiner Vorfahren auf und trat zum Katholizismus über. Obwohl seine Untertanen und seine Gemahlin Protestanten waren und seinen Motiven zutiefst mißtrauten, bereitete ihm die Konversion keine Skrupel. Mit der Unterstützung Rußlands und massiver Bestechung konnte er seine Mitbewerber schlagen. 1697 wurde er zum König von Polen gekrönt.

Weniger erfolgreich war August jedoch, als er sein polnisches Königreich vergrößern wollte. Um Livland zu erobern – es hatte einst zu Polen gehört und war mittlerweile an Schweden gefallen –, bildete er mit Rußland und Dänemark ein Bündnis gegen den schwedischen König Karl XII. und marschierte in das Land ein. Damit hatte der Große Nordische Krieg (1700–1721) begonnen, was verhängnisvolle Folgen für Polen und seinen sächsischen König haben sollte, der 1706 sogar vorübergehend abdanken mußte.

Friedrich August I., als König von Polen August II., wegen seiner Körperkraft, vor allem aber wegen seiner Erfolge bei Frauen August der Starke genannt, war ein Mann von geballter Energie und faszinierender Ausstrahlung, von großer und höchst stattlicher Statur. Mit seinen zahlreichen Favoritinnen wollte er wohl auch seine königliche Stärke unter Beweis stellen. Obwohl damals Mätressen zum Hofleben gehörten, waren es bei August so viele und verschiedenartige, daß einer der Hofleute, Freiherr von Pöllnitz, ein Buch mit dem Titel *La Saxe galante (Das galante Sachsen)* schreiben konnte, das sich ganz den Liebschaften Augusts widmet. Die in französischer Sprache verfaßte Publikation war ein großer Erfolg und wurde zum Gesprächsthema in ganz Europa.

Als junger Mann hatte August Europa inkognito bereist. Dabei hatte er adligen Damen den Hof gemacht. Als er nach Dresden zurückkam, heiratete er Christine Eberhardine von Brandenburg-Bayreuth; die Ehe hat er immer wieder gebrochen. Die Unbequemlichkeiten der doppelten Herrschaftsführung in Sachsen und in Polen wurden durch den Ratschlag eines Hofmannes etwas gemildert: »Wenn Ihro Majestät zwei Höfe habt, einen in Sachsen, den anderen in Warschau, dann solltet ihr als richtiger Monarch von Rechts wegen an jedem auch eine Mätresse haben. Das wird zweifelsfrei beide Nationen zufriedenstellen.«

Ob nun Magd oder Prinzessin – seine Mätressen kamen aus allen Schichten –, die Objekte seiner Begierde wurden überschüttet mit kostbaren Kleidern und Juwelen, verlockt von kostspieligen Unterhaltungen, bis sie ihm unweigerlich erlagen. Es kam vor, daß er in Gesellschaft mehrerer Favoritinnen den Staatsgeschäften nachging. Die Königin von Preußen war entzückt, als er einmal in Begleitung von fünf Schönheiten zu einer ihrer Abendgesellschaften kam. Außer seinem einzigen legitimen Nachkommen soll er so viele Kinder gezeugt haben, wie das Jahr Tage hat, obwohl er nur neun seiner unehelichen Kinder von fünf Geliebten anerkannt hat.

Augusts bekannteste Favoritin war Anna Konstanze, Gemahlin des Staatsministers von Hoym, der sich bald von ihr scheiden ließ, seit 1707 Reichsgräfin von Cosel. Sie wurde die Geliebte des Kurfürsten nach einer Wette, abgeschlossen bei einem Trinkgelage, über ihre unvergleichliche Schönheit. August und der Fürst von Fürstenberg setzten zusammen 1000 Taler, daß Hoyms Ehefrau, deren Schönheit der Gatte leichtsinnigerweise gerühmt hatte, unter den Hofdamen nicht so sehr hervorsteche. Madame wurde in gebührender Weise eingeladen und August vorgestellt. Er erblickte eine Frau mit »anmutigen Zügen; wenn sie lachte, war die Schönheit ihres Gesichtes unvergleichbar und konnte auch das gefühlloseste Herz bezaubern. Ihr Haar war schwarz, ihr Busen muß jedermanns Bewunderung erregen [...]«, so Lady Montagu. Kurz: Der Kurfürst und König war, wie zu erwarten, hingerissen.

Lady Mary Wortley Montagu, eine weitgereiste Schriftstellerin (1689–1762), besuchte 1716 auf ihrer Reise nach Konstantinopel, wo ihr Mann britischer Gesandter war, den sächsischen Hof und hielt Einzelheiten der Liaison fest, um die sich noch immer Klatsch und Tratsch rankten. Sie notierte, daß der Kurfürst seine Leidenschaft für Madame de Hoym angeblich offenbart habe, »indem er in der einen Hand einen Sack mit 100 000 Krontalern brachte, in der anderen ein Hufeisen, das er vor ihren Augen in Stücke zerbrach«. Die Bedeutung war klar: Seine Majestät waren nicht nur kräftig, sondern auch großzügig gegenüber jenen, die er begehrte. Lady Montagu: »Ich weiß nicht, was sie so anziehend fand, aber sie hat ihren Mann verlassen und sich ganz ihm hingegeben.«

Nach ihrer zweckdienlichen Scheidung von ihrem verwirrten Ehemann wurde sie in den Rang einer Reichsgräfin erhoben. Der Kurfürst stellte ihr das Palais am Taschenberg zur Verfügung, das durch einen gedeckten Gang mit der Residenz verbunden wurde. Auch kaufte er ihr das Schloß Pillnitz, einen schönen Landsitz an der Elbe. Jahrelang beherrschte sie den Fürsten und den Hof, führte sich als Fürstin auf und erwarb ein ungeheures Vermögen. Allerdings zog sie sich auch die Feindschaft vieler wichtiger Ratgeber Augusts zu.

Schließlich verlor sie die kurfürstliche Gunst und mußte sich zurückziehen. 1713 entkam sie nach Preußen, wo sie aber gegen preußische Kriegsgefangene ausgetauscht wurde. Wieder zurück in Sachsen, wurde sie in der düsteren Festung Stolpen festgehalten, wo sie nach fünfzigjähriger Gefangenschaft starb (1765).

Obwohl seine unvergleichliche Machtfülle schon darin zum Ausdruck kam, daß er so viele Frauen hatte, wie er nur wollte, verstärkte August noch den Eindruck, indem er bei jeder sich bietenden Gelegenheit große Pracht entfaltete und seine königlichen Vorrechte hervorkehrte. Verschwenderisch ging er mit riesigen Summen um, wenn es galt, prächtige Zeremonien abzuhalten oder prunkvolle Feste zu feiern. Eine andere Leidenschaft waren elegante Kleidung, wertvolle Edelsteine und Meisterwerke der Kunst. Einer seiner ausgefallensten Aufträge ging 1702 an den Goldschmied Johann Melchior Dinglinger, der einen ungewöhnlichen, einen Quadratmeter messenden Tafelaufsatz schuf: »Hofstaat zu Delhi am Geburtstag des Großmoguls Aureng-Zeb«. Das unschätzbare Werk besteht aus Gold, Silber, Email, Perlen und Edelsteinen und stellt einen orientalischen Palast dar, bevölkert von 130 vorzüglich modellierten exotischen Figürchen, die Geburtstagsgeschenke bringen.

Als Böttger nach Sachsen kam, war Dresden einer der größten und verfeinertsten Höfe in Deutschland. Auf seinen Reisen in jungen Jahren war August in Versailles gewesen, tief beeindruckt von dem, was er hier zu sehen bekam. Unter seiner Herrschaft wurde Dresden zu seiner Version von Ludwigs XIV. glänzendem Hof. Ein großes Bau- und Verschönerungsprogramm wurde für die Stadt entwickelt, die 1685 durch eine Feuersbrunst verheert worden war. Und 1701 hatte ein Feuer in der Residenz gewütet. Nun schossen neue, prunkvolle Gebäude wie Pilze aus dem Boden. Die Elbbrücke, die Neu- und Altstadt verbindet, wurde aus Stein wieder errichtet. Matthäus Daniel Pöppelmann, einer der bedeutendsten Barockbaumeister, schuf nahe beim Schloß den Zwinger, eine Festplatzanlage mit Pavillons, die durch klassische Galerien verbunden sind. Er gab den eleganten Hintergrund für viele der meist aufwendigen Schauspiele, Aufführungen und Sportveranstaltungen ab. Die Stadt sollte jede andere in Deutschland in den Schatten stellen und auf diese Weise die unerreichte Machtfülle des Landesherren zum Ausdruck bringen.

Protokoll und Zeremoniell spiegelten ebenfalls die Verhältnisse am Hofe des Sonnenkönigs wider. Die unglaublich verwickelte Hierarchie bestand aus mehr als neunzig Rangstufen. Zum Hofstaat gehörten Ärzte, Künstler, Geschichtsschreiber, Baumeister, Gärtner, Pferdewirte, Soldaten, Lakaien, Köche und Pagen, dazu kamen noch etliche weitere Stellungen in Personal und Verwaltung. Abgesehen von ihren praktischen Aufgaben, wurde von den höheren Beamten erwartet, daß sie den Landesherren unterhielten, indem sie an den ständigen musikalischen und Theateraufführungen teilnahmen, wenn der Fürst in der Residenz weilte. Viele waren nur zur Unterhaltung da, etwa Zwerge und Possenreißer. Es gab eine Opernmannschaft, ein Hofballett, eine Truppe mit sechzig Tänzern, eine andere mit Schauspielerinnen und mehrere Orchester. Die meisten Stadtbewohner arbeiteten auf die eine oder die andere Weise für den Hof. Und im Grunde drehten sich alle gesellschaftlichen und kulturellen Aktivitäten um den Fürsten und seine Familie.

Aber für August gab es noch andere Probleme. In Frankreich hatte er die neue Wirtschaftspolitik kennengelernt, die vom Oberintendanten der Finanzen, Colbert, entwickelt worden war. Wie viele andere deutsche Fürsten wollte sich auch August daran orientieren. Anfang des

17. Jahrhunderts war Sachsen ein wirtschaftlich blühendes Land gewesen. Der fruchtbare Boden, reiche Erzlagerstätten und ein gemäßigtes Klima hatten die Bevölkerung mit Wohlstand gesegnet. Landwirtschaft und Industrie waren hoch entwickelt gewesen. Jetzt aber litt das Land unter den Verwüstungen des Dreißigjährigen Krieges. Mit den Landgütern ging es immer mehr bergab, die Bauern wurden von den Großgrundbesitzern ausgebeutet, und die Gewerbebetriebe waren weitgehend zerstört. August der Starke erhoffte sich vom französischen Vorbild, daß in seinem Land Handel und Bergbau belebt, Wissenschaft und Produktion angeregt würden. Sein Land wollte er wieder aufbauen, es sollte so reich wie einst werden. Das würde seine fürstliche Autorität stärken und Geld in die Staatskasse bringen.

Ehrenfried Walter Graf von Tschirnhaus, ein bekannter Naturforscher, wurde an den Hof geholt, um in Sachsen Erzvorkommen ausfindig zu machen und neue Produktionstechniken zu entwickeln. Von Leibniz beeinflußt, hatte er lange Zeit an der Universität von Leiden Mathematik, Naturwissenschaften und Philosophie studiert. 1682 war er als erster Deutscher in die Pariser Académie des sciences aufgenommen worden. In Sachsen hatte er drei Glashütten und eine Färberei gegründet. Er fertigte große Brenngläser nach Pariser Vorbild an, die das Sonnenlicht sammelten und höhere Temperaturen erzielten, als es mit konventionellen Methoden möglich war. Eines aber reizte Tschirnhaus mehr als alles andere – die Porzellanherstellung.

Auf August wirkte Porzellan so unwiderstehlich wie eine schöne Frau. Und als Fürst konnte er ungehindert seiner Passion frönen. Wenn Tschirnhaus herausfand, wie man dieses hochgeschätzte Material herstellen konnte, würde er damit nicht nur dem Wunsch des Fürsten entsprechen, heimische Rohstoffquellen zu nutzen, sondern auch den Abfluß riesiger Geldsummen in den Fernen Osten stoppen. Während also der junge Böttger in Berlin versuchte, Blei in Gold zu verwandeln, zu Wittenberg in der Haft schmachtete und als Gefangener in Dresden seine alchimistischen Experimente fortsetzte, suchte Tschirnhaus ebenso besessen ein nicht geringeres Geheimnis zu lüften – das Rezept, wie man aus Ton Porzellan gewinnt.

4. Porzellan – Geheimnis aus dem Fernen Osten

*Allgemein heißt es, Chinaporzellan werde aus Erde ge-
macht, die zur Aufbereitung rund hundert Jahre unterir-
disch gelagert wurde. Doch davon sind wir nicht ganz
überzeugt. Denn die Berichte darüber sind nicht nur verschieden, sondern sie widersprechen sich auch; und die
Autoren stimmen darin keineswegs überein. Guido Pan-
cirollus will es aus Eierschalen, Muscheln und Gips, der
achtzig Jahre in der Erde lag, hergestellt haben. Das be-
haupten auch Scaliger und viele andere von sich. Ramu-
zius meint dagegen, die Porzellanerde habe nicht unterir-
disch gelagert, sondern die Stücke würden vierzig Jahre
lang an der Sonne durch den Wind gehärtet.*

Thomas Browne, 1646

Auf Befehl Augusts wurde der festgesetzte Böttger bei
seiner Suche nach Gold von zwei vertrauenswürdi-
gen Hofleuten beaufsichtigt: Michael Nehmitz und Pabst
von Ohain. Drei Gehilfen standen ihm zur Seite. Er durfte mit niemanden reden, nur mit diesen fünf Männern. Es
gab keinen Kontakt zur Außenwelt. Selbst die Fensterlä-
den waren verriegelt, da man befürchtete, preußische Spione könnten ihn entführen.

Währenddessen wartete August in Warschau ungeduldig auf erste unbestreitbare Erfolge seines neuen Gefangenen. Fürstenberg erhielt den Auftrag, so schnell wie
möglich eine Probe des Steins der Weisen zu überbringen.
Widerwillig mußte Böttger sein geheimnisvolles Pulver,
etwas Quecksilber und andere Ingredienzen sowie Teile
seiner Apparatur in einer Reiseschatulle verpacken. Dann

unterwies er Fürstenberg, wie das Experiment durchzuführen sei. Als Füstenberg am 14. Dezember 1701 in Warschau eintraf, soll der Hund des Königs die Schatulle umgeworfen haben, wobei einige Fläschchen zerbrachen. Die verlorenen Bestandteile waren alsbald ersetzt. Zwei Wochen später wurde schließlich in einem geheimen Raum des Warschauer Schlosses das Experiment durchgeführt. Bei flackerndem Kerzenlicht banden sich August und Fürstenberg Lederschürzen um. Dann entzündeten sie das Feuer und folgten Böttgers Anweisungen so genau wie möglich. Doch nach stundenlangem Sieden, Mischen und Schüren des Feuers kam, wie zu erwarten, nur eine harte metallische Masse zum Vorschein, die aber bestimmt kein Gold war. Natürlich war die Enttäuschung groß. Dennoch blieb August zuversichtlich und ordnete an, daß der junge Alchimist seine Forschungen fortzusetzen habe.

Die Beschränkungen der Gefangenschaft und die erzwungene Arbeit im Goldhaus wirkten sich bald auf Böttgers Geisteszustand aus. Bei Zorn hatte er, wenn auch heimlich, seine eigenen Forschungen betreiben können. Jetzt war es unmöglich, etwas unbeobachtet und auf eigene Verantwortung zu tun. Die tödliche Bedrohung war niemals fern. Er wurde furchtsam, niedergeschlagen und neigte zu hysterischen Anfällen, bei denen er nach anschaulichen zeitgenössischen Berichten exzessiv trank, wie ein Ochse brüllte, mit den Zähnen knirschte, seinen Kopf gegen die Zellenwände schlug, unkontrolliert schrie und zitterte. August war überzeugt, daß diese Szenen vorgetäuscht waren, um das Arkanum nicht herausgeben zu müssen. Daher ließ er ihn auf die düstere Festung Königstein, die als Staatsgefängnis diente, bringen. Er hoffte, daß die Isolation den Simulanten heilen werde. Aber diese strenge Behandlung hatte genau den entgegengesetzten Effekt: Böttgers Geisteszustand verschlechterte sich noch mehr. Sein Wärter berichtete nach Dresden, daß Böttger manchmal nicht zu bändigen sei, so daß er dann zwei Wachen brauche, um ihn im Zaum zu halten. Dabei stellten seine Wächter fest, daß man ihn beruhigen konnte, wenn man seinen gewaltigen Durst nach Wein und Bier stillte. Und Böttger entdeckte, daß man im Alkohol Vergessen finden konnte, eine wirkungsvolle Methode, um das Elend der Haft und die Angst vor der Hinrichtung zu mildern.

August ersah aus den Berichten der Wärter, daß Böttger, sollte er noch nicht verrückt sein, unter solchen unerträglichen Umständen in den Wahnsinn getrieben würde, bevor er brauchbare Ergebnisse liefern konnte. Daher sollten seine Haftbedingungen verbessert werden. Er wurde wieder nach Dresden gebracht, wo ihm schließlich zwei behagliche Räume in einem Haus unmittelbar neben der Residenz zur Verfügung gestellt wurden mit Blick auf den Ballgarten; und erstmals durfte er begrenzten Kontakt nach draußen aufnehmen.

Die etwas entspanntere Atmosphäre erleichterte es Böttger, den Landesherrn davon zu überzeugen, daß er kurz vor einem größeren Durchbruch stehe. Im Juni 1703 ging er gar so weit, dem Fürsten auf Ehre und Gewissen zu versprechen, zu Peter und Paul (29. Juni) Gold im Wert von 300 000 Talern und dann 100 000 Talern monatlich zu liefern. August glaubte so fest daran, daß er in nächster Zeit große Mengen Goldes erhalten werde, daß er Böttger zum Münzmeister ernannte. Die Angst vor den Folgen seines uneingelösten Versprechens führten schließlich zu Böttgers verzweifelter Flucht nach Böhmen.

In dieser Zeit, vielleicht schon vor seiner Flucht, hatte Böttger den Geheimrat Tschirnhaus kennengelernt. Zusammen dinierten sie im Fürstenbergpalais. Böttger, ganz damit beschäftigt, der Goldmacherkunst auf die Spur zu kommen, beeindruckte den älteren Gelehrten mit seinen profunden chemischen Kenntnissen. Wahrscheinlich haben sie auch darüber gesprochen, woran Tschirnhaus gerade arbeitete. Daraus entwickelte sich ein freundschaftliches Verhältnis zwischen den beiden. Als Böttger wieder gefangengesetzt war, kam Tschirnhaus regelmäßig zu Besuch und weihte ihn allmählich in seine Bemühungen ein, das Geheimnis der Porzellanherstellung zu entschlüsseln.

Noch Anfang des 18. Jahrhunderts wurde echtes Porzellan nur im Fernen Osten, hauptsächlich in China und Japan, angefertigt. Seide, Lackarbeiten und Gewürze waren seit dem Mittelalter über die Seidenstraße, die Überlandroute zwischen Ostasien und dem Westen, nach Europa gekommen. Doch Porzellan war zu zerbrechlich, um es auf diesem Weg zu befördern. Die wenigen Stücke, die nach Europa gelangten, wurden von arabischen Händlern meist durch den Persischen Golf oder das Rote Meer verschifft. Doch ein Handel großen Stils entwickelte sich erst, nachdem Anfang des 16. Jahrhunderts der Seeweg nach China entdeckt worden war.

In der westlichen Welt war Porzellan von allem Anfang an eine der begehrtesten Kostbarkeiten des Ostens. Sein geheimnisvoller Reiz lag in der eigentlich unmöglichen Verbindung von außerordentlicher Zerbrechlichkeit und funkelnder Härte (die moderne Wissenschaft hat festgestellt, daß diese sonderbare Substanz, von Töpfern des Altertums gefertigt, tatsächlich so hart ist, daß gewöhnlicher Stahl es nicht schneiden kann).

Die seltenen frühen Stücke, die Europa erreichten, dienten oft als fürstliche Geschenke. Wie sehr sie im Westen geschätzt waren, kann man daran ermesssen, daß man sie mit Deckeln und Gestellen ausstattete, die sorgfältig aus purem Gold und Silber gearbeitet waren, oft mit Edelsteinen besetzt. Solche seltenen und teuren Gegenstände gab es in vielen königlichen Schatzkammern. Im 15. Jahrhundert erhielten die mächtigen Dogen von Venedig chinesisches Porzellan vom ägyptischen Sultan zum Geschenk, ebenso Karl VII. von Frankreich und Lorenzo de' Medici in Florenz. Unter den Kostbarkeiten, die die Inventarliste Heinrichs VIII. verzeichnet, war eine Porzellanschale mit zwei Griffen aus Silber und Gold, geschmückt mit Edelsteinen, die er wahrscheinlich vom König von Frankreich erhalten hatte.

Als unvergleichliches Symbol künstlerischer Vollendung, ein Schatz, den sich nur die mächtigsten Herrscher leisten konnten, erscheint Porzellan verschiedentlich auf Gemälden der Renaissance: als exotisches Attribut Gottes oder der heidnischen Götzen. Auf Mantegnas Tafelbild *Adorazione dei Magi (Anbetung der Heiligen Drei Könige)*, heute in den Uffizien in Florenz, bringen sie ihre Geschenke dem Heiland ehrfurchtsvoll in einem Gefäß dar, das an Porzellan aus dem Osten erinnert. Auf dem Gemälde *Festino degli Dei (Das Götterbacchanal)*, an dem der Venezianer Giovanni Bellini im Auftrag des Herzogs von Ferrara, Alfonso d'Este, für dessen »Alabasterkammer« – im Gang zwischen dem Schloß von Ferrara und dem Castello Estense gelegen – bis 1514 arbeitete, wird das Festessen für Bacchus und sein Gefolge auf Geschirr gereicht, das jenem Porzellan aus der Mingdynastie gleicht, das heute im Museum des Topkapi in Istanbul zu sehen ist; es ist überliefert, daß Bellini diesen Palast besucht hat. Allmählich wurde Porzellan zu einem geheimnisvollen Symbol heiliger Schönheit.

Seit dem 16. Jahrhundert nutzten portugiesische Kaufleute den Seeweg nach China und Japan. Damit nahm auch der Porzellanhandel zu, was dazu führte, daß die fernöstlichen Töpfer ihre Produktion erhöhten (oft auf Kosten der Qualität). Bis zur Mitte des Jahrhunderts durchpflügten Ostindienfahrer die Ozeane zwischen Macao und Lissabon, schwer beladen mit Geschirr, Vasen, Schüsseln und anderen Stücken aus Porzellan. Später nahm auch die holländische Vereinigte Ostindische Companie an dem lukrativen Geschäft teil. Buchstäblich Hunderttausende Porzellanstücke landeten in holländischen Häfen, um das unstillbare Verlangen der Europäer nach solchen exotischen Kostbarkeiten zu befriedigen.

Im späten 17. Jahrhundert kam Porzellan in sehr verschiedener Qualität in größeren Mengen nach Europa. Manchmal war es eine gewinnbringende Zuladung, wenn die Kauffahrteischiffe eigentlich andere Luxusgüter wie Tee, Gewürze, Lackarbeiten und Seide geladen hatten, die man wegen drohender Wassserschäden nicht im Ballastraum unterbringen wollte. Die Mode breitete sich schnell vom Kontinent über den Ärmelkanal nach England aus. Laut Daniel Defoe hat Königin Maria II. Stuart (1689 bis 1694) das Porzellan eingeführt. Sie hat, so beklagte er, es von königlicher Seite her zugelassen, »die Gewohnheit oder die Grille, wie ich es nennen möchte, Häuser mit Porzellanwaren einzurichten, was später ein sonderbares Ausmaß annahm, wenn sich die Stücke oben auf den Vitrinen drängten, auf jedem Kaminsims bis zur Decke, ja man hat sogar Borde für Porzellan angebracht, bis es wegen der Kosten zum Ärgernis wurde, gerade zum Nachteil der Familie und der Vermögen«.

Doch obwohl sie ein ganz gutes Beispiel für den Hang zur Porzellanmanie in England ist, kann man die Königin nicht dafür verantwortlich machen. Die Mode hatte sich bereits nach England ausgebreitet, ehe sie 1689 den Thron bestieg. Schon Königin Elisabeth I. hatte zuvor ihre Flottenkapitäne ermutigt, spanische Schiffe mit Schätzen aus dem Fernen Osten, wenn möglich, in ihren Besitz zu bringen. Eines davon, die »Madre de Dios«, wurde 1592 gekapert. Es war voll beladen unter anderem mit »Stoßzähnen von Elefanten, Porzellangefäßen aus China, Kokosnüssen, kohlschwarzem Ebenholz«. Schon als William Wycherley im Jahr 1675 seine derbe Komödie *The Country Wife (Die Frau vom Lande)* schrieb, wurde die englische Gesellschaft von einer wahren Sammelleidenschaft geschüttelt. Porzellan war eine derart begehrte, exotische und seltene Seebeute, daß Wycherley das Wort (im Englischen volkstümlich »china« genannt) euphemistisch für Geschlechtsverkehr verwendete.

Anfang des 18. Jahrhunderts, als Böttger in seinem Dresdener Gefängnis schmachtete, durchpflügten die schwerbeladenen Schiffe die tückischen, von Seeräubern bedrohten Meere zwischen Kanton und Amsterdam. Sie brachten Porzellan von unvergleichlicher Schönheit und Feinheit. Nach solchen Schätzen verlangte August voller Gier. Die »Nankingladung«, die unter Porzellansammlern großes Aufsehen erregte, als sie aus ihrem nassen Grab geborgen und in den achtziger Jahren unseres Jahrhunderts versteigert wurde, ist, wenn auch aus späterer Zeit, typisch für die verfeinerten Waren, die in den Westen exportiert wurden.

Als das holländische Kauffahrteischiff »Geldermalsen« 1752 auf der Heimfahrt im Südchinesischen Meer auf ein Riff lief, das in den Seekarten nicht verzeichnet war, hatte es 100 000 chinesische Porzellanstücke an Bord: Vasen, um die sich langschwänzige Drachen mit vielen Klauen winden, mit spitztürmigen Pagoden oder überladen mit üppigen Päonienblüten. Auf Tellern waren Teiche zu sehen, deren Oberflächen von Fischen mit fächerförmigen Flossen gekräuselt waren; andere waren mit Zweigen bedeckt, darauf exotische Vögel, das alles in Bambusgärten oder in felsiger Landschaft. August boten solche außergewöhnlich dekorierten Gegenstände flüchtige Einblicke in eine phantastische Landschaft; es war eine Porzellanwelt von unwiderstehlichem Charme, deren Schönheit er, anders als bei seinen Mätressen, niemals überdrüssig wurde.

Der sächsische Landesherr kaufte begeistert das meist teure Porzellan. Seine Agenten waren überall, wo eine große Sammlung auf den Markt kam oder eine neue Schiffsladung versteigert wurde. Allein im ersten Jahr seiner Regierung soll er 100 000 Taler für Porzellan ausgegeben haben, das dann in der kurfürstlichen Kunstkammer landete. An seinen Generalfeldmarschall Flemming schrieb er: »Wissen Sie nicht, daß es mit den Orangen wie mit dem Porzellan ist, daß diejenigen, die an der Krankheit leiden, das eine oder das andere besitzen zu wollen, niemals finden, genug zu haben, sondern immer mehr haben möchten?« Daher wundert es nicht, wenn Tschirnhaus China den »Schröpfkopf Sachsens« nannte.

Das ostasiatische Porzellan, nach dem August beständig verlangte, wurde seit dem 6. Jahrhundert in den nördlichen Regionen Chinas hergestellt. Es war nicht von heute auf morgen erfunden worden, es war keiner plötzlichen Eingebung entsprungen, nach der Tschirnhaus suchte. Es war vielmehr das Ergebnis einer langen Entwicklung, die in dieser Gegend mit dem Brennen von Keramik bei hohen Temperaturen begonnen hatte.

Der Zauber, der in Europa von importiertem Porzellan ausging, hatte zahllose Chinareisende veranlaßt, der Herstellung dieses geheimnisumwitterten Materials auf die

Spur kommen zu wollen. Doch sie blieb ein streng gehütetes Geheimnis. Frühe Beschreibungen waren darüber hinaus oft falsch und irreführend. So schrieb etwa Marco Polo: »Sie sammeln eine bestimmte Erde, die sie wie Erz graben, tragen sie zu einem großen Haufen zusammen und setzen sie dem Wind, dem Regen und der Sonne aus. Das dauert dreißig oder vierzig Jahre, währenddessen sie nicht angerührt wird. Danach ist sie geläutert und kann zu Gefäßen verarbeitet werden.« Gonzales de Mendoza, ein Abgesandter Philipps II. von Spanien, kam dem wahren Sachverhalt näher, als er behauptete, Porzellan werde hergestellt aus einer »kreidigen Erde, die zerstampft und in Wasser aufgelöst wird, bis sich oben eine Creme oder ölige Schicht und unten ein fester Bodensatz bildet. Aus der oberen Schicht wird das feinste Geschirr […] gemacht.«

Andere Autoren waren da phantasievoller, wenn sie die Feinheit des Porzellans damit erklärten, daß es aus zerstampften Muscheln oder Eierschalen hergestellt werde, oder wenn sie behaupteten, der Ton müsse ein Jahrhundert gebrannt werden und so weiter. Kein Europäer war bisher dahintergekommen, daß zwei Grundbestandteile vermischt werden mußten: Kaolin oder Porzellanerde und Feldspat, und daß so hohe Temperaturen nötig sind, daß der Quarz im Felspat schmilzt, sintert und die Poren im Ton füllt. Dabei entstehen feine kristalline Strukturen, sogenannte Mullite, die nur bei Porzellan vorkommen. Die Chinesen nennen den Ton die Knochen und den Feldspat das Fleisch des Porzellans.

Das Ergebnis war ein makelloses Material, viel härter als jede andere bekannte Töpferware. Hielt man es gegen das Licht, war es transparent. Lichtdurchlässig und haltbar – kein Wunder, daß es für europäische Augen wie Muschelschalen aussah. Das Wort »Porzellan«, das als erster

Marco Polo gebraucht hat, geht auf das lateinische »porcellus«, das Schweinchen, zurück. Und Porzellanschnecke heißt ein Meerestier, dessen Form entfernt an ein Schwein erinnert und dessen Muschel dem Chinaporzellan sehr ähnlich sieht; zu dieser artenreichen Familie gehören unter anderem auch Kaurischnecken, deren Gehäuse in Süd- und Südostasien früh als Zahlungsmittel gedient hatten.

Tschirnhaus war keineswegs der erste Europäer, der sich an der Porzellanherstellung versuchte. Es hatte zuvor zahlreiche Versuche gegeben, hinter das Geheimnis zu kommen. Die Venezianer hatten dank ihrer Handelsverbindungen mit dem Fernen Osten wahrscheinlich mehr frühes Porzellan zu Gesicht bekommen als alle anderen Europäer. Im 16. Jahrhundert versuchten sie es herzustellen, brachten aber nur trübes Glas zustande. Etwas mehr Glück hatte Großherzog Francesco I. de' Medici in Florenz, ebenfalls im 16. Jahrhundert. Wie die Venezianer vermutete er, daß die Lichtdurchlässigkeit des Porzellans auf dessen Verwandtschaft mit Glas hindeute; und so fügte er der Glasmasse Sand, zermahlenen Bergkristall und Ton hinzu. Das gebrannte Endprodukt war ganz schön, aber noch weit vom Vorbild entfernt. Nur wenige Stücke haben den Brand überstanden, so daß das Ganze nicht mehr war als eine teure Liebhaberei. Die Produktion wurde nach dem Tod des Großherzogs noch einige Jahre fortgesetzt, aber die seltenen Stücke hatten kaum Einfluß auf die Entwicklung des europäischen Porzellans.

Mittlerweile grassierten abergläubische Vorstellungen über die magischen Eigenschaften des Porzellans. Trinke man aus einer Porzellantasse, so hieß es etwa, dann könne einem Gift wie Arsen, Aconitin (im Eisenhut enthalten) und Quecksilber nichts anhaben. Doch trotz aller Wertschätzungen für dieses Material dauerte es fast ein Jahrhundert, bis ein weiterer ernsthafter Versuch der Porzellanherstellung gemacht wurde. In den sechziger Jahren des 17. Jahrhunderts meldete John Dwight aus Fulham in London ein Patent zur Porzellanherstellung an. Doch keine Aufzeichnungen belegen, daß es funktioniert hat. Allerdings sprechen jüngst entdeckte Scherben, die Mullit enthalten, dafür, daß er zumindest einen gewissen Erfolg hatte. In London versuchte sich der Herzog von Buckingham, der reichste Mann Englands und Besitzer mehrerer Glasfabriken, ebenfalls an der Porzellanherstellung. Zwei kleine Vasen kann man im Burghley House und ein ähnliches Paar in der königlichen Sammlung von Windsor bewundern. Aber wieder entstand kein prosperierender Gewerbezweig.

Um die gleiche Zeit wurden in Rouen und Saint-Cloud bei Paris zwei Manufakturen gegründet. Der letzteren, die Tschirnhaus besuchte, erging es besser. Die Töpfer verwendeten ein Rezept, das jenem in Italien ähnelte: Es ging um eine Mischung aus weißem Ton, Glas, Kreide und Kalk. Dieses sogenannte Frittenporzellan war zwar halb durchscheinend und weitaus feiner als alles, was man bisher in Europa entwickelt hatte, aber es war grau und mit schwarzen Flecken gesprenkelt. Mit anderen Worten: Auch das war kein echtes Porzellan.

Bei seinen Nachforschungen besuchte Tschirnhaus auch andere Töpfereien in Europa. Er kam nach Nevers in Frankreich und Delft in Holland, beide für ihre Fayencemanufakturen berühmt. Hier wurde eine schwere zinnglasierte Tonware hergestellt, bemalt mit ostasiatischen Dekorformen. Zwar waren die Stücke oft nur plumpe Nachahmungen chinesischer Kunst, doch Tschirnhaus entging nicht, daß die Chinamode so stark war, daß das exotische Dekor genügte, um sie als »Porzellan« zu verkaufen.

Seine Untersuchungen, seine Kenntnisse der Glasherstellung und seine Beobachtungen am echten Porzellan in Augusts Sammlung bestärkten Tschirnhaus in seiner Überzeugung, daß echtes Porzellan aus einer Mischung von Ton und Glas bestehe, was man ja auch in Italien und Frankreich glaubte. Nach Sachsen zurückgekehrt, verwendete er seine großen Brenngläser, um Proben sächsischen Tons mit Glas zu verschmelzen. Vielleicht würde er ja dabei auf die gesuchte Formel stoßen.

Böttger hielt währenddessen sein Wort, das er dem Kurfürsten gegeben hatte, und suchte emsig nach dem Arkanum für den Stein der Weisen, ohne aber erkennbare Fortschritte zu machen.

Doch Augusts Geduld war bald am Ende. Sobald es die politischen Umstände in Polen zuließen, kehrte er nach Dresden zurück und wurde zusehends unwilliger, was Böttger betraf. Der Krieg mit Schweden verlief verhängnisvoll, und das Geld wurde knapp. Im Frühjahr 1705, mehr als drei Jahre nach Böttgers Ankunft in Dresden, war nicht mehr zu übersehen, daß seine Goldmacherkunst nicht weitergediehen war als zur Zeit seiner Ankunft. August, verärgert über Böttgers endlose faule Ausreden, verlangte eine verbindliche Auskunft darüber, wann mit Ergebnissen zu rechnen sei.

Als Antwort schrieb Böttger ein zweiundzwanzig Seiten umfassendes Papier, beglaubigt von Fürstenberg, Tschirnhaus und Pabst von Ohain, gegengezeichnet vom Kurfürsten. Darin versprach Böttger, innerhalb von sechzehn Wochen größere Mengen Gold und in den darauffolgenden acht Tagen zwei Tonnen davon zu produzieren, »mit Gottes Hilfe«. Doch Gottes Hilfe blieb aus, und die Hoffnungen Augusts zerschlugen sich abermals. Sollte Böttger nun gar den höchsten Preis, sein Leben, dafür zahlen, daß er sein Versprechen nicht gehalten hatte, fragte sich der Kurfürst. Andererseits könnte das von seinen Hofleuten als Eingeständnis seines Irrtums verstanden werden.

Als sein aufbrausendes Temperament mit August durchzugehen drohte und die Sache für Böttger ziemlich gefährlich wurde, war glücklicherweise gerade Tschirnhaus anwesend, der die profunden Kenntnisse in der Chemie und die wissenschaftlichen Fähigkeiten Böttgers hervorhob.

Er werde alt, so Tschirnhaus; seine eigenen Experimente zur Porzellanherstellung seien bislang keineswegs erfolgreich gewesen. Böttger könne doch später einmal seine, Tschirnhaus', Versuche sehr gut fortsetzen, während er gleichzeitig seine Goldmacherkunst betreibe.

Vielleicht war der Kurfürst erleichtert, daß es einen Weg gab, das Gesicht zu wahren und zugleich die enormen Kosten für Böttgers Tätigkeit zu rechtfertigen – jedenfalls stimmte er zu: Porzellan war immerhin so wertvoll wie Gold. Größere Laboratorien und Brennöfen waren dafür notwendig. Da es in Dresdens Goldhaus nicht genügend Raum gab, wurde Böttger, immer noch in Gefangenschaft, im September 1705 auf die Albrechtsburg verbracht. Sie erhebt sich über der mittelalterlichen Stadt Meißen, etwa 15 Kilometer nordwestlich von Dresden.

5. Flucht in die Verzweiflung

Seine Erfindung verdanken wir einem Alchimisten oder einem, der vorgab, einer zu sein; er hat sehr viele Leute davon überzeugt, daß er Gold machen könne. Der König von Polen glaubte ihm ebenso wie andere. Um sich seiner zu versichern, ließ er ihn auf der Burg Königstein festsetzen, drei Meilen von Dresden entfernt. Doch anstatt Gold zu machen, jenes gediegene und wertvolle Metall, das die Menschheit zu allerlei Torheiten verführt, hat er zerbrechliches Porzellan erfunden, wobei er in gewissem Sinne doch Gold gemacht hat, da der gute Verkauf dieser Töpferware viel Geld ins Land brachte.

Karl Ludwig von Pöllnitz,
Mémoires, 1734

Die Albrechtsburg erhebt sich auf den felsigen Abhängen des Burgberges in Meißen, der auf drei Seiten von der Elbe umflossen wird. Ursprünglich stand hier eine Befestigung aus Holz, errichtet 926. Der Neubau wurde im 15. Jahrhundert von Arnold von Westfalen begonnen. Finanziert wurde der fürstliche Renaissencebau von jüngst in der Gegend entdeckten Silbervorkommen. Im Volksmund hieß er die sächsische Akropolis; er ist der Inbegriff eines Märchenschlosses: sechs Stockwerke mit hohen Fenstern, Wasserspeiern und Blattornamenten, ein phantastisches äußeres Treppenhaus, das vom Domplatz hinaufführt.

Man nähert sich der Albrechtsburg über die Schloßbrücke, die den Zugang zum Domplatz sichert. Dann erreicht man die ausgedehnte Anlage, die von den Außenmauern der Burg, des Doms und einer Reihe mittelalterlicher Steinhäuser begrenzt wird. Im Inneren ging der gotische Formenreichtum unvermittelt in trostlose Ödnis über, denn zu Böttgers Zeit hatte der Bau lange verlassen gelegen. Fast noch während seiner Errichtung hatten die Herrscher Sachsens ihren Sitz nach Dresden verlegt. Im Dreißigjährigen Krieg hatten marodierende schwedische Soldaten die kostbare Inneneinrichtung verwüstet. Böttger fand also vom ehemaligen Märchenschloß nur noch die Hülle vor, mit großen Hallen und leeren Räumen mit löcherigen Gewölben.

Dieses spartanische neue Heim konnte nur ein bescheidener Ersatz für das relativ komfortable Leben sein, das Böttger in Dresden geführt hatte. Denn Dank des Eingreifens von Tschirnhaus war seine Unterkunft schließlich doch noch so angenehm eingerichtet worden, wie es die Haftbedingungen erlaubt hatten. Die Räume, in denen Böttger gewohnt hatte, waren behaglich eingerichtet. Sein Essen war auf Silbergeschirr serviert worden. Nach einem Bericht war es gut und reichlich gewesen: Rindfleisch, Fisch, Butter, Käse, Zuckerwerk, Eier und Kalbfleisch; und die Lieferungen an Wein, Bier und Spirituosen dürften ähnlich reichhaltig gewesen sein. Darüber hinaus durfte er im gepflegten Garten lustwandeln, sich an kühlen Nachmittagen in der lichtdurchfluteten Orangerie aufhalten und manchmal eine kleine Menagerie aufsuchen, wo er sich an possierlichen exotischen Tieren ergötzt hatte.

In Dresden war ihm auch der Umgang mit gelehrten Kollegen erlaubt gewesen. Er durfte seine Gäste bewirten und Gedanken mit den führenden Forschern und Philosophen am sächsischen Hof austauschen. Diese hätten leicht über den Alchimisten am Hof lachen können. Doch sie folgten dem Beispiel Tschirnhaus' und diskutierten voller Respekt seine Ideen.

Alles in allem hatte die Gefangenschaft so viel Bequemlichkeit geboten, daß Böttger zeitweise fast die Verzweiflung vergaß, die ihn zwei Jahre zuvor zur Flucht veranlaßt hatte. Seine Ankunft auf der Albrechtsburg führte ihm deutlich vor Augen, wie verwundbar er als Gefangener war. Der Kurfürst hatte sich erneut aufgeregt, daß Böttger keine Fortschritte gemacht hatte. Er dachte gar nicht daran, Böttger Erleichterung zu verschaffen und dessen geistigem und körperlichem Wohlbefinden Vorrang einzuräumen. Die ungemütliche Haft sollte Böttger nun dazu bringen, sich ganz auf seine Aufgabe zu konzentrieren.

Nur fünf Gehilfen leisteten Böttger auf der Albrechtsburg Gesellschaft. August hatte sie ausgewählt. Unter ihnen waren zwei Schmelzer und Bergleute, die in den folgenden Ereignissen eine wichtige Rolle spielen sollten: Paul Wildenstein, der einen faszinierenden Bericht hinterlassen hat, und Samuel Stöltzel, später einer der einflußreichsten Mitarbeiter in Meißen. Drei Männer hatten die Oberaufsicht: Michael Nehmitz, der auch weiterhin unsympathisch und Böttger gegenüber feindselig blieb, Böttgers alter Verbündeter Pabst von Ohain und der überschwengliche Hofarzt Dr. Bartholmäi. Sie sollten bei ihren regelmäßigen Besuchen die Fortschritte kontrollieren.

Was im Laboratorium vor sich ging, unterlag strengster Geheimhaltung. Mit Außenstehenden durften keine Gespräche über die Arbeit geführt werden. Ohne Erlaubnis durfte niemand das Burggelände betreten. Die unteren Fenster waren zugemauert, so daß kein zufälliger Zeuge auch nur einen flüchtigen Blick auf das werfen konnte, was hier vor sich ging. Vierundzwanzig Öfen wurden für Böttger gebaut. Auf Erlaß des Kurfürsten mußte jede Tongrube des Landes 65 Pfund Erde als Probe zum Burglaboratorium schicken, wo sie genau analysiert wurde.

Böttger und seine Gehilfen, die fast wie Häftlinge behandelt wurden, obwohl sie kein Verbrechen begangen hatten, wurden im Laboratorium eingesperrt und sollten gleichzeitig an der Herstellung von Gold und Porzellan arbeiten.

Widerwillig gab Böttger seine verbissene Suche nach dem Arkanum für die Goldmacherkunst auf, denn er dachte sich, daß er mit jedem Durchbruch in der Töpferei Zeit beim Kurfürsten gewönne. Doch Gold stand für ihn weiterhin an erster Stelle; Porzellan bot eine zusätzliche Herausforderung, die er zu seiner eigenen Überraschung immer unwiderstehlicher fand.

Wochen gingen ins Land, und Böttger analysierte beharrlich und sorgfältig die Bodenproben, die ihn erreichten. Tschirnhaus kam regelmäßig zu Besuch, beobachtete die Fortschritte und teilte Böttger seine eigenen Untersuchungsergebnisse mit. Ihm waren bereits kleine Kügelchen aus keramischen Material gelungen, das er für Porzellan hielt; wahrscheinlich war es aber nur eine Art Milchglas. Und er hatte einen Hartstein zustande gebracht, der Achat ähnlich sah.

Die Brennverfahren von einerseits Töpferwaren wie Fayence, Steingut und Weichporzellan, das bereits in Europa hergestellt wurde, und echtem Hartporzellan andererseits unterscheiden sich vor allem in der Höhe der Temperatur. Fayence, damals die bekannteste europäische Tonware, braucht nur eine relativ niedrige Brenntemperatur. Das poröse Material muß glasiert werden, damit es wasserundurchlässig wird. Doch Böttger wußte, daß solche plumpe Irdenware niemals mit der Feinheit und dem Glanz echten Porzellans wetteifern konnte. In Deutschland wurde Steingut seit dem Mittelalter bei einer Temperatur von 1200 bis 1400° Celsius gebrannt; dabei sintert der Ton. Dennoch war das Endprodukt nicht durchscheinend und hatte nicht die Feinheit echten Porzellans, obwohl das Material nicht porös war.

Tschirnhaus hatte auf seinen Reisen in Frankreich wahrscheinlich das Herstellungsverfahren von Weichporzellan kennengelernt. Dabei wurde eine Mischung aus Glasbestandteilen und Ton bei einer Temperatur von 1100° Celsius gebrannt, was einen nichtporösen Scherben ergibt. Er wußte auch, daß Weichporzellan bei allem Zauber, der von ihm ausging, zahlreiche Nachteile hatte: Es zerbrach leicht im Brennofen, war körnig und hatte nicht die kristalline Härte des echten Porzellans. Böttger und Tschirnhaus war klar, daß dies nicht das Porzellan war, wonach sie suchten.

Böttger hatte die Verfahren der Glasherstellung bei seinem Freund Johann Kunckel in Berlin kennengelernt. Aus seinen eigenen Versuchen, Gold zu machen, waren ihm die Wirkungen hoher Temperaturen auf Erze bekannt. Offenbar hatte er aus den Experimenten von Tschirnhaus gelernt, daß das Brennen bei weit höheren Temperaturen als bislang üblich die Voraussetzung für dichtgebrannte durchscheinende Keramik war. So gesehen hat er sich dem Problem der Porzellanherstellung zugleich als »moderner« Wissenschaftler und als mittelalterlicher Alchimist genähert. Um nichtporöses, dichtgebranntes Porzellan zu erhalten, wird er sich gesagt haben, brauchst du kein Glas, sondern du mußt Gestein schmelzen, damit es sich in eine ganz andere Gestalt verwandelt – auf dieselbe Weise also, so sein Glaube, wie sich Blei in Gold transmutieren konnte. Doch die notwendigen Ingredienzen konnte er nur finden, wenn er sich im systematischen Experiment der modernen Wissenschaft dem Problem näherte.

Ganz im Vertrauen auf sein Talent, Probleme zu lösen, die kein anderer anzugehen verstand, wählte er intuitiv einen Weg, den vor ihm noch keiner gegangen war. Er ignorierte, daß Porzellan äußerlich an Glas erinnerte, und begann eine Reihe von sorgfältig durchgeführten Experimenten, bei denen er verschiedene Mischungen von Ton und Gestein bei Temperaturen brannte, die weit höher lagen als jene, die man bislang in Europa erreicht hatte.

Böttger war mittlerweile ein Jahr in Meißen, und noch immer testete er systematisch Tonproben, die ihm zugeschickt wurden. Er brannte kleine Mustertäfelchen aus feinem Material, das ganz neuartig war. Das ziegelrote Endprodukt war hart wie Stein, seine Struktur feiner als die der Keramik aus anderen deutschen Töpfereien. Es glich schon sehr den Stücken aus China, aber es war nicht lichtdurchlässig; es war noch kein Porzellan.

Doch bevor Böttger seine erfolgversprechende Arbeit fortsetzen und sie aus dem Versuchsstadium herausführen konnte, wurde sie von den politischen Ereignissen unterbrochen.

Tschirnhaus traf, von Dresden kommend, unerwartet auf der Albrechtsburg ein. Begleitet wurde er von Fürstenbergs Haushofmeister. Es gab schlechte Nachrichten: Der Krieg mit Schweden verlief anders, als man es erwartet hatte.

Karl XII. hatte in Polen über August triumphiert. Jetzt marschierte er durch Sachsen auf Dresden zu. Der Kurfürst litt Qualen, dennoch vergaß er nicht seine wertvollsten Besitztümer. Seine Schriften, Juwelen und Kunstwerke ließ er in Sachsens unbezwingbare Festung bringen, nach Königstein.

Während seiner vierjährigen Gefangenschaft hatte Böttger kaum etwas von Wert geschaffen. Doch für August war er sehr wichtig, genauso wertvoll wie Gold und Edelsteine. Daher mußte auch er in Sicherheit gebracht werden. Den schwedischen König und August verband die Leidenschaft für Alchimie. Der schwedische König hatte das Leben des Generals Paykhull geschont, der des Hochverrats überführt und zum Tode verurteilt war, nur weil der versprochen hatte, in seiner Alchimistenküche für eine Million Kronen Gold zu machen. Bliebe Böttger in Meißen und fiele dem Feind in die Hände, dann würde Karl ihn gewiß zwingen, für die schwedische Sache zu arbeiten. Daher mußte auch Böttger auf die Festung Königstein.

Also wurde das Laboratorium geschlossen. Wer von den Gehilfen den Alchimisten nicht begleitete (nur drei wurden ihm zugestanden), mußte seine eigenen Vorkehrungen treffen, um der Gefangennahme zu entgehen. Ohne zu zögern, packten die ausgewählten Gehilfen ein paar Sachen ihres Meisters ein, darunter dessen wertvolle Aufzeichnungen. Die Ergebnisse der harten Arbeit eines ganzen Jahres, die gelungenen Versuchsstücke, die Laborausrüstung und all ihr übriger persönlicher Besitz wurden in zwei geheimen Räumen der Albrechtsburg fest verschlossen. Keiner wußte, ob man sie noch einmal zu Gesicht bekommen würde.

Für Böttger war das ein schwerer Schicksalsschlag. Die Lösung des Problems schien greifbar nahe. Die Unterbrechung der Arbeit mit ungewissem Ausgang und die Aussicht, auf Königstein wieder eingesperrt zu werden, müssen ihn niedergeschmettert haben. Doch es gab keinerlei Möglichkeit, den eindeutigen Befehl des Kurfürsten nicht zu befolgen. Kurz nachdem Tschirnhaus und sein Kommando eingetroffen waren, wurden Böttger und seine drei Gehilfen in eine Kutsche gesetzt. Eine Militäreskorte begleitete sie zu ihrem düsteren Gefängnis.

Sogar an diesem einsamen und uneinnehmbaren Platz wurde Böttgers Anwesenheit mit größter Geheimhaltung behandelt. Als Vorsichtsmaßnahme, damit er nicht doch noch den Feinden in die Hände falle, wurden die vier im Burgverzeichnis nicht mit Namen genannt. Es heißt darin lediglich: »Ein Herr mit 3 Dienern.« Auch durften sie mit keinem der Burginsassen ein Wort wechseln.

Für den unruhigen jungen Böttger nahm das nächste Jahr kein Ende. Es gab kein Laboratorium und keine Ersatzbeschäftigung, um die endlosen Tage und Nächte hinter sich zu bringen; sogar Bücher, Papier und Tinte wurden ihm verweigert. Monate gingen ins Land und die Bedingungen verbesserten sich nur unwesentlich. Die Untätigkeit machte Böttger fast wahnsinnig. Daher begann er darüber nachzudenken, wie er mit einigen der unfreiwilligen Burgbewohnern in einen gewissen Kontakt treten könne – der Wachsamkeit seiner Wärter war er, wenn es darauf ankam, allemal gewachsen. Die anderen – hauptsächlich politische Gefangene – fürchteten um ihr Leben und suchten verzweifelt nach einer Fluchtmöglichkeit.

Nach Monaten der Langeweile konnte Böttger einfach nicht anders, als irgend etwas zu unternehmen. Er nahm an einer Verschwörung teil und wirkte an einem Ausbruchsplan mit – in diesem Bereich galt er zweifellos als so etwas wie ein Experte. Aber im letzten Moment machte er doch nicht mit, vielleicht weil er sich an sein Versprechen dem Kurfürsten gegenüber gebunden fühlte und die Konsequenzen fürchtete, wenn er ihn weiterhin erzürnte.

Danach versank der seelisch labile Böttger in tiefe Depression, aus der er nur auftauchte, wenn er überstürzt Briefe an den Kurfürsten schrieb – inzwischen hatte man ihm Papier und Tinte zur Verfügung gestellt –, in denen er inständig um seine Freilassung bat, und man möge ihm doch gestatten, seine Arbeit wieder aufzunehmen. Während er voller Unruhe auf Antwort wartete, die sein Leiden beenden konnte, hat er sich wahrscheinlich wieder dem Wein zugewendet, was ihm sein Elend im Kerker zeitweilig erleichtert haben wird.

Ein Jahr war auf Königstein vergangen. Inzwischen hatte sich die Situation in Sachsen beruhigt, zumindest zeitweilig. August hatte als König von Polen abdanken müssen. Die Schweden waren aus Sachsen abgezogen. Sobald die Verhältnisse in Dresden ruhiger wurden, wandte sich August wieder Gold und Porzellan zu. Da er Polen verloren hatte, sah August kaum einen Grund, die Stadt zu verlassen. Aber der Krieg war teuer gewesen; Geld war nötiger denn je. Jetzt mußte Böttger beweisen, was er wert war.

Inzwischen war in den verzweifelten Briefen Böttgers an den Kurfürsten ein neues Versprechen aufgetaucht. »Um Himmels Willen […] und ist große Hoffnung darzu […] ich alsdann mit beyhüllfe des Herrn Zchürnhausen, binnen der Zeit von 2 Monathen ein großes werde prestiren können […].« Augusts Neugierde war sofort geweckt. Er ließ den Alchimisten nach Dresden zu einem Geheimtreffen bringen. Am 8. Juni 1707, um fünf Uhr früh, traf Böttger den Kurfürsten und erläuterte sein Vorhaben. Er war davon überzeugt, daß er mit den richtigen Gerätschaften schnell einen Durchbruch erzielen und das Geheimnis der Porzellanherstellung lüften könne. Und Porzellan sei schließlich so wertvoll wie Gold und würde genausogut die finanziellen Probleme des Herrschers lösen.

August war leicht zu überzeugen. Böttger kehrte für kurze Zeit auf die Festung Königstein zurück, während die Arbeiten am neuen Laboratorium begannen, dieses Mal nicht in Meißen, sondern in Dresden, wo der Landesherr die Vorgänge im Auge behalten konnte.

Das neue Laboratorium entstand auf der Jungfernbastei, im naßkalten Labyrinth der stickigen Festungsgewölbe an der Elbe, unterhalb der östlichen Stadtmauern. Allein der Name versetzte die Bürger Dresdens in Angst und Schrecken. Denn es hieß, in einem der dunklen unterirdischen Gänge stehe eine schreckliche Maschine, die die Gestalt einer stählernen Jungfrau habe. Und sie habe rotierende Arme aus rasiermesserscharfen Schwertern. Wer die Gunst am Hofe verliere, müsse mit verbundenen Augen auf die Maschine zugehen, bis er zerfetzt werde. Der noch zuckende Körper stürze durch eine Falltür und versinke spurlos in der Elbe.

Der Umzug nach Dresden und die Aussicht, weiterarbeiten zu können, bedeuteten für Böttger trotz des unheimlichen Ortes eine große Erleichterung. Zwar war sein Leben weiterhin ungewiß, doch Arbeit würde die tödliche Langeweile des letzten Jahres beenden; und er war überzeugt, daß er schnell vorankommen würde.

Es sollte noch ein neuer, größerer Brennofen errichtet werden, mit dem man höhere Temperaturen als auf der Albrechtsburg erreichen konnte. Böttger nahm in der Zwischenzeit seine Versuche mit den Brenngläsern von Tschirnhaus wieder auf. Die Linsen lieferten ein derart blendendes Licht, daß die Sehkraft vieler, die an den Experimenten teilnahmen, für immer geschädigt wurde. Wildenstein schrieb später: »[…] habe ich und Köhler fast täglich vor dem großen Brenn Glaße stehen müssen, und Mineralien davor probiret, da ich auch meine Augen verderbet, daß ich in der Ferne wenig erkennen kann«.

Sobald Böttgers neues Laboratorium fertig war, kam der Kurfürst zu Besuch. Gold habe nach wie vor höchste

Priorität, sagte er, und dieses Mal werde er keine Entschuldigung gelten lassen: Versage Böttger, koste das sein Leben.

Doch Böttger vergaß nicht, wie groß das Interesse Augusts für Porzellan war. Seine Chancen, dem Tod zu entgehen, seien gewiß größer, so dachte er, wenn er diese Drohung vergesse und sich mehr um die Keramikherstellung kümmere als um Gold. Binnen weniger Wochen hatte er wieder das rote Steinzeug zustande gebracht. Nun faßte er die Produktion weißen Porzellans ins Auge. Mit großer Genauigkeit testete er verschiedene Mischungen aus Ton und Mineralien, brannte sie bei unterschiedlichen Temperaturen verschieden lang. Da Böttger dringend weitere Substanzen benötigte, erhielt er ausnahmsweise die Erlaubnis, daß einige Gehilfen das Gefängnis verlassen durften, um danach zu suchen.

Schon früh richtete Böttger sein Augenmerk auf Kaolin (Porzellanerde), ein feinerdiges Tongestein, das er aus einer Grube bei Colditz erhalten hatte. Der heutige Name stammt von einem chinesischen Fundort in der Provinz Jiangxi, dem Bergmassiv Gaolin. Es ist durch Verwitterung von Silikatgestein im feuchtwarmen Klima entstanden. Sein Hauptbestandteil ist Kaolinit, ein Aluminiumhydrosilikat. Kaolin ist in feuchtem Zustand gut knet- und formbar und eignet sich vorzüglich zur Modellierung ganz verschiedener Gegenstände. Wenn es bei hoher Temperatur gebrannt wird, nimmt es eine reinweiße Farbe an, das äußere Kennzeichen des echten fernöstlichen Porzellans.

Zwar wird Kaolin bei hoher Temperatur weich, aber es schmilzt nicht. Daher konnte das allein nicht zum durchscheinenden, reinweißen, nichtporösen Scherben führen, wie er vom echten Porzellan her bekannt ist. Noch eine andere Substanz war nötig, die, geschmolzen, die Poren des

Tons schließt und dem Scherben seinen glasartigen Charakter verleiht. Böttger versuchte es mit mehreren Arten von Alabaster, einer durchscheinenden Varietät des Gipses. Die Ergebnisse waren vielversprechend. Alabaster von Nordhausen schien am besten geeignet.

Als es Winter wurde, ging es schnell voran. Der Erfolg schien bevorzustehen. Sogar der Kurfürst wurde von der wachsenden Erregung ergriffen und verfolgte die Fortschritte aus nächster Nähe.

Die Wende kam Anfang des Jahres 1708. Ein Handschreiben vom 15. Januar hält in Böttgers ausgefallener Mischung aus Latein und Deutsch sieben Rezepturen fest.

Die Ergebnisse des Probebrands waren erstaunlicher, als sogar Böttger zu hoffen gewagt hatte. Nach fünf Stunden im Brennofen sah die erste Probe weißlich aus, die zweite und dritte waren zerbrochen; die vierte war unbeschädigt, aber verfärbt. Die letzten drei schließlich verschlugen ihm den Atem.

Diese kleinen unscheinbaren Platten hatten der Brennhitze des Ofens widerstanden. Ihre Form war erhalten geblieben, der Scherben unversehrt. Doch weit wichtiger, sie waren »optime albidum et pellucidatum« – sehr weiß und durchscheinend. In dem feuchten und schmutzigen Laboratorium hatte der siebenundzwanzigjährige Böttger Erfolg gehabt, wo alle anderen bisher gescheitert waren. Europäisches Porzellan schien zum Greifen nah.

6. An der Schwelle zur Entdeckung

Es will der König sich nach goldnen Früchten sehnen,
So doch die schwache Hand nicht überreichen kan.
Drum läßt sie nur Porphyr und Borax in Cristallen
Jetzt vor des Königs Thron stadt jenes Opfer fallen.
Ja sie reicht selbst das Hertz in porcellanen Schalen
Und bietet beydes hier zu einem Opfer an.

Böttger an August den Starken, 1709

Böttger betrachtete seine große Entdeckung mit gemischten Gefühlen. Einerseits verspürte er zweifellos Genugtuung darüber, daß er dem Rätsel der Porzellanherstellung so nahe gekommen war. Andererseits schwang aber auch ein Gefühl mit, gescheitert zu sein, denn dem Arkanum für Gold war er noch nicht auf die Spur gekommen. Außerdem hatte er seinen wissenschaftlichen Scharfsinn auf einem ziemlich profanen Gebiet vergeudet. Mit für ihn typischer Selbstironie ritzte er über der Tür zu seinem Laboratorium den Satz in die Wand: »Gott, unser Schöpfer, hat gemacht aus einem Goldmacher einen Töpfer.« Die Worte sind nicht mehr zu sehen, haben aber in der volkstümlichen Überlieferung überlebt. So also hat er damals seine bedeutendste Entdeckung eingeschätzt.

Nachdem die Genugtuung über seinen Erfolg geschwunden war, sah er, daß seine Großtat so viele Fragen aufwarf, wie sie beantwortete. Im Grunde war sie nur der Beginn einer mühseligen Forschungsarbeit. War das Material fest genug, um daraus Kunstwerke zu bilden, die so zart waren wie jene aus dem Fernen Osten? Konnte eine ausreichend glänzende Glasur entwickelt werden?

Im Frühjahr und Sommer 1708 testete Böttger weiterhin verschiedene Rohsubstanzen, wobei er genau die Wirkung der Brenntemperatur registrierte und niederschrieb. Bis Juni hatte er so viele Erfolge vorzuweisen, daß Tschirnhaus eine Töpferei ins Leben rief, in der Tonwaren nach Art der Delfter Fayencen hergestellt werden konnten. Diese Fabrik lag in Dresden-Neustadt und wurde von zwei Töpfern aus Braunschweig betrieben: Christoph Rühle und Gerhard van Malcem; sie standen unter der Leitung von Tschirnhaus und Böttger. Mit der Gründung sollte einerseits der ökonomische Wert von Böttgers Arbeit demonstriert werden, andererseits, und das war genauso wichtig, sollten erfahrene Handwerker angelockt werden: Töpfer, Glasierer und Dekorationsmaler, ohne die man keine Porzellanmanufaktur betreiben konnte.

Doch als sich gerade der Erfolg einstellen wollte, erkrankte tragischerweise Böttgers treuester Verbündeter, Tschirnhaus. Der ältere Forscher, der Böttger in der Gefangenschaft stets sehr geschätzt hatte und ihm zugeneigt gewesen war, ebenso wie den Gehilfen und sogar dem Kurfürsten, litt an der Ruhr, die er sich vermutlich durch verunreinigtes Wasser oder Essen zugezogen hatte. Als sich sein Zustand verschlimmerte, war das eine weitere Belastung für Böttger, der wie seine Kollegen ohnehin schon unter Druck stand. Tagsüber gingen die Experimente weiter, nachts wachte Böttger am Bett von Tschirnhaus. Auch August war tief bewegt, als er davon hörte. Er verlangte, über den Krankheitsverlauf stets unterrichtet zu werden, und schickte den Hofarzt, Dr. Bartholmäi, mit den besten Arzneien. Doch trotz aller Bemühungen starb Tschirnhaus am 11. Oktober 1708.

Selbst August trauerte. Der staatsmännisch kluge Gelehrte hatte dem Kurfürsten geholfen, dessen Traum von einer vielversprechenden sächsischen Industrie zu verwirklichen. Auch hatte er Dresden mit einigen der am weitesten fortgeschrittenen philosophischen und wissenschaftlichen Theorien seiner Zeit bekannt gemacht. Für Böttger war Tschirnhaus eine Vaterfigur gewesen, Mentor und Freund zugleich, der ihn mehr als einmal vor dem Zorn des Landesvaters geschützt hatte. Jetzt, da sogar dieser schwache Schutz gefallen war, schien Böttger der Launenhaftigkeit des Herrschers mehr denn je ausgeliefert zu sein. Nun sorgten seine Forschungen für beides: Trost im Schmerz und die einzige Möglichkeit, sich August vom Leibe zu halten.

In den ersten Brennöfen der Jungfernbastei konnten nur kleinere Porzellanproben gebrannt werden. Inzwischen war ein größerer Ofen zwar fertig, aber es ergaben sich neue Probleme. Böttgers Gehilfe Wildenstein berichtet: »Den Neuen Offen konten wir nicht ins starcke Feuer bringen, sondern alle unsere Arbeith daran ginge verlohren. Es blieb ein Tod Feuer, wir mußten in währenten Feuern bald die Feuer Mäuer niedriger, bald höher machen, und halff doch nichts, biß wir forn in kasten den fehler funden, weil sich auch die Kohlen nicht verzehren wolten, und wir sie alle halbe Stunde mußten nauß ziehen […].«

Sechs Tage und sechs Nächte schufteten sie »wie die Ochsen« unter den unmenschlichen Bedingungen der Gefangenschaft. Das Gewölbe, in dem das Laboratorium untergebracht war, erhielt nur Luft durch kleine Fenster – im Mittelalter ein Schutz vor Feinden –, und die trotz der Kamine glühende Hitze versenkte die Haare der Männer. Schuhe boten keinen Schutz vor dem sengend heißen Steinboden. Wildenstein: »[…] und auch das Pflaster so heiß geworden, daß es uns mit Respekt große Blasen an die

Füße gebrannt.« Er erinnerte sich später, daß sogar das Gewölbe über dem Ofen einzustürzen drohte, als das Feuer darin weitertobte. Mörtel- und Putzbrocken wurden in der Hitze silbrig und fielen von der Decke. Ohne Putz lockerten sich die Steine und zersprangen in der Hitze, ihre Trümmer bedeckten den Boden. Der Rauch vom Ofen vermischte sich mit der feuchten Luft zu gefährlichen Schwaden. Man konnte kaum atmen. Der Schweiß strömte den Männern von der Stirn und ließ Ruß und Schmutz in ihren Gesichtern erstarren; geriet er in die Augen, konnten sie nichts mehr sehen.

Böttger, erfolgsbesessen und vielleicht betäubt vom Leid über den Tod Tschirnhaus', schien die körperlichen Beschwerden nicht zu empfinden. Immer wieder trieb er seine Gehilfen an. Tag und Nacht wurde der Ofen mit Brennmaterial gefüttert, und die Temperaturen stiegen. Beißender grauer Rauch stieg aus dem Brennofen, der keinen richtigen Zug hatte. Das ganze Gebäude schien zu schwelen und jeden Moment in Flammen aufzugehen. Die Beamten machten sich Sorgen um die Nachbargebäude. Das Laboratorium lag unter einem hölzernen Lustgebäude und der Orangerie. Es hätte fatale Folgen gehabt, wenn das Ganze in Flammen aufgegangen wäre, da gerade ein großes Fest am sächsischen Hof vorbereitet wurde. Wachen standen daher bereit und besprühten die Außenmauern mit Wasser.

Der Kurfürst hatte Böttger wissen lassen, daß er selbst die Fortschritte im Laboratorium in Augenschein nehmen wolle, sobald die Brennöfen die richtige Temperatur erreicht hätten. Als das Holz in den Öfen gleichmäßiger brannte, wurde die Residenz benachrichtigt, daß der Augenblick gekommen sei.

Als August mit Fürstenberg das Gewölbe betrat, bot sich ihnen ein höllischer Anblick. Die Hitze war unerträglich. Doch bevor sie umdrehen konnten, begrüßte sie Böttger, dessen Gesicht und Kleider mit Ruß und Schweiß bedeckt waren. Dann führte er sie zum Brennofen. Wildenstein berichtet anschaulich: »Drauff befahl der Paron [Böttger], daß wir eine Weile inne halten mit Feuern, und sollten den offen auff machen, worbey der Fürste zum öffteren o Jesus sagte. Der König aber lachte und sagte zu ihm, es were noch lange nicht das Fege Feuer, aß der Offen auffgemacht war und alles weiß glühend war, daß man nichts stehen sah, so sahe der König hinein und ruffte den Fürsten und sagte: Seht doch Egon, hier soll Porcellain drinne stehn.« Zunächst war vor lauter greller Weißglut nichts zu sehen. Doch dann kühlte die helle Glut etwas ab, da die Ofentür offen war, und begann rot zu glühen. Nun konnte die Gesellschaft im Feuer Tonkapseln erkennen, in die die Stücke gelegt wurden, um sie vor den Flammen des Ofens zu schützen. Wildenstein sollte eine Probe aus dem Ofen dem Landesherren zeigen. Mit einer Eisenzange hob er eine Kapsel heraus. Darin befand sich eine kleine Teekanne, die noch rot glühte. Schnell kam Böttger heran, ergriff mit einer Zange das Kännchen und warf es in einen Wasserkübel. Nach Wildenstein brachte das glühende Gefäß das Wasser zum Aufwallen, und eine laute Explosion hallte durch das Gewölbe. »Das ist in Stücke zersprungen«, sagte August. Doch Böttger erwiderte: »Nein, Ihro Majestät, es muß die Probe außhalten.« Dann krempelte er seine Ärmel hoch, holte das Kännchen aus dem Wasser und überreichte es dem Kurfürsten. Erstaunlicherweise war es unversehrt, nur die Glasur war nicht ganz verlaufen. Der Kurfürst war sichtlich beeindruckt und forderte Böttger auf, die Kanne wieder in den Ofen zu geben. Niemand dürfe ihn öffnen, bis sie fertig gebrannt und der Ofen abgekühlt sei. Er wolle der erste Augenzeuge sein und selbst die Öffnung des Ofens überwachen.

Wenige Tage später kam August zurück, und der Brennofen wurde erneut geöffnet. Im Inneren waren mehrere Stücke weißen unglasierten Porzellans und rotes Steinzeug, das Böttger und seine Leute rotes Porzellan nannten. August nahm die Teekanne an sich. Hoch zufrieden mit dem Ergebnis, schenkte er der Situation, in der sich Böttger und die anderen befanden, mehr Aufmerksamkeit. Zu Böttger gewandt, machte er kritische Bemerkungen über die schrecklichen Umstände, unter denen die Männer arbeiteten.

»Ihro May[estät] zu Liebe thun meine Leuthe alles«, erwiderte Böttger gerührt, wahrscheinlich selbst erstaunt darüber, obschon dies der richtige Augenblick war, um seine Bitte um Freiheit vorzutragen.

»So sollen sie auch meine gnade und ihr brod darbey haben [...]«, antwortete der Kurfürst, der mit Böttgers Leistung äußerst zufrieden und daher ungewöhnlich großzügig gestimmt war. Kurz darauf kam eine Lieferung neuer Kleidung in das Gewölbe, die die verkohlten, ungewaschenen Lumpen ersetzen sollte, in denen der Alchimist und seine Gehilfen monatelang gearbeitet und geschlafen hatten. Jeder erhielt ab sofort ein bescheidenes Salär. Doch abgesehen davon, blieben die Arbeitsbedingungen so hart wie zuvor.

Böttgers Versuche dauerten noch ein weiteres Jahr. Erst am 28. März 1709 getraute er sich, dem Kurfürsten zu schreiben, daß er in der Lage sei »den guthen weißen Porcellain herzustellen sambt der allerfeinsten Glaßur und allem zubehörigen Mahlwerke [Bemalung], welches dem Ost-Indianischen [fernöstlichen] wo nicht vor, doch wenigstens gleich kommen solte«. Er war nun bereit, mit Porzellan in Produktion zu gehen. Für ihn war Porzellan so etwas wie Gold. Und da er einen Weg gefunden hatte, eine solche unschätzbare Kostbarkeit für den Kurfürsten herzustellen, hielt er sein Versprechen für erfüllt. Nun sollte ihm, so meinte er, die Freiheit gewährt werden.

Böttgers Behauptung war übertrieben optimistisch. Zwar war er zweifellos dem Geheimnis der Herstellung feinen Porzellans auf die Spur gekommen, doch es kann keine Rede davon sein, daß seine Stücke die Qualität jener der Chinesen übertroffen hätten. Viel Porzellan hatte die große Hitze nicht überstanden und war verloren. Böttgers Glasuren waren noch weit entfernt vom Glanz und der Reinheit des chinesischen Porzellans. Es gab noch kein Unterglasurblau und keine farbigen Glasuren. Für Böttger waren das jedoch keine großen Probleme im Vergleich zu jenen, die er bereits gelöst hatte. Sie waren leicht zu bewältigen – wenn nur genügend Zeit, fähige Arbeiter und ausreichend Kapital zur Verfügung standen.

Doch der Kurfürst ließ sich nicht so leicht dazu bewegen, Geld in eine Porzellanmanufaktur zu stecken oder Böttger freizugeben. Er hatte bereits ein Vermögen in die Goldmacherkunst investiert und bislang nichts zurückerhalten. Auf die Bitte um Freilassung antwortete daher August, daß der Alchimist erst freikomme, wenn er die Formel für das Goldmachen finde. Er erwarte, daß er ab 1. Dezember 1709 monatlich 50 Dukaten erhalte, bis die 60 Millionen Taler in Gold gezahlt seien, die Böttger einst versprochen hatte. Bis dahin würde er sein Gefangener bleiben.

Mittlerweile machte sich August Gedanken, wie er am besten aus der Erfindung des Alchimisten Geld schlagen könne. Obwohl er stets verschwenderisch war, wenn es um seine eigene Lebensführung ging, war er oft erstaunlich vorsichtig, wenn Investionen in Gewerbezweige anstanden, mit denen das Land wieder zu Reichtum kommen sollte. Bislang hatte ihm die Entwicklung der Porzellanherstellung durchaus gefallen, das ist wahr, aber er war keineswegs davon überzeugt, daß Böttger bereits eine große Produktion aufziehen könne, was zweifellos die Staatskasse erst einmal höhere Geldbeträge kosten würde. Bevor er sich auf ein solches Wagnis einließ, wollte er mehr über die Zukunftschancen wissen. Woher käme der Ton? Wie würde er transportiert? Würde Böttgers Porzellan teurer als jenes aus dem Fernen Osten sein? Welcherart Stücke würde er fertigen? Und vor allem, wie könnte man sicherstellen, daß das Geheimnis auch gewahrt blieb?

Seit Tschirnhaus' Tod fehlte dem Kurfürsten ein zuverlässiger und gutunterrichteter Ratgeber, dem er vertrauen konnte und der etwas von der praktischen Seite der Porzellanherstellung verstand. Um das Problem anzugehen, ernannte August eine Kommission aus fünf Fachleuten, die ihn beraten sollte. Unter ihnen waren der unangenehme Michael Nehmitz und Böttgers alter Verbündeter Pabst von Ohain.

Böttger erläuterte sehr genau seine Vorstellungen. Der rote Ton für das rote Steinzeug sollte aus Zwickau oder Nürnberg kommen. Er würde mit Ton aus Plauen vermischt werden. Für die Porzellanmasse müsse Alabaster aus Nordhausen mit weißem Colditzer Ton vermengt werden. Er schlug eine Hauptverwaltung vor, die alle Arbeiten überwachen sollte. Jeder Arbeitsgang – Mischen, Modellieren, Brennen, Bemalen – könne an einem anderen Ort durchgeführt werden, wodurch das Geheimnis gewahrt bleibe, denn auf diese Weise gewinne kein Arbeiter einen Überblick über das gesamte Herstellungsverfahren.

Und was wollte Böttger aus dem Material formen? Er hat Porzellan für so kostbar wie Gold oder Silber gehalten; es hatte in seinen Augen wenig gemein mit anderen Keramiken, die hauptsächlich dem täglichen Gebrauch dienten. In einem Papier für die Kommission führte er aus, was diese Stücke so begehrenswert mache: »Es sind drey Sachen, durch welche die Begierden der Menschen sonderlich auffgemundert werden, dießes oder jenes zu begehren, welches sie sonsten zu ihrem nöthigen Gebrauch noch wohl entrathen könten: alß erstlich die Schönheit, zum anderen die Rarität und drittens die mit beyden verknüpfte Nutzbarkeit. Solche drey Qualitaeten machen eine Sache angenehm, kostbar und nöthig. Alle drey Eigenschaften besitzen die hier vorgestellten Gefäße.« Für Böttger waren Gegenstände aus Porzellan vor allem wunderschöne und erlesene Kunstwerke; ihre Funktionalität war eher Nebensache, ein Beiwerk der wahren Schönheit.

Böttgers unerschütterliche Begeisterung für Porzellan steht in einem gewissen Gegensatz zu seiner Gemütsverfassung. Was die Kommission anging, war er guter Dinge, doch dann versank er wieder in Verzweiflung, wenn er an die Goldforderung des Kurfürsten dachte. Er hatte die Goldmacherkunst in der Hoffnung aufgegeben, daß Porzellan August zufriedenstellen und ihm selbst die Freiheit bringen würde. Doch der Kurfürst gab die Sache nicht auf.

Es gab beunruhigende Nachrichten vom schrecklichen Schicksal eines Alchimisten in Berlin. Nach der Flucht Böttgers hatte der Preußenkönig Friedrich I. bald begriffen, daß die Chancen, den Flüchtling wieder in seine Hand zu bekommen, gering waren. Daraufhin hatte er einen neapolitanischen Alchimisten namens Domenico Manuel

Caetano an seinen Hof geholt. Dieser hatte eine einträgliche, aber gefahrvolle Laufbahn als Goldmacher an vielen europäischen Höfen hinter sich. Friedrich wußte nicht, daß Caetano unter merkwürdigen Umständen aus Brüssel verschwunden war, nachdem er 60 000 Gulden erhalten hatte, die er in Gold vervielfachen wollte. Er war nach Wien gereist, dann nach Berlin. Hier hatte er dem König weisgemacht, daß er ein Versteck mit Manuskripten entdeckt habe, die einem unbekannten Alchimisten gehört hätten. Daraus habe er Einzelheiten erfahren, wie der Stein der Weisen gefunden werden könne. Für sein Versprechen, innerhalb von 60 Tagen Gold zu machen, hatte er von Friedrich größere Geldsummen, Geschenke und Vorrechte erhalten. Als das 60 Tage während Wohlleben zu Ende ging, versuchte Caetano zu fliehen, diesmal nach Hamburg. Doch Friedrich sandte Soldaten hinter ihm her, die ihn gefangennahmen, nach Preußen zurückbrachten und einsperrten. Nachdem sich zweifelsfrei herausgestellt hatte, daß Caetano ein Scharlatan war, verfügte Friedrich im August 1709, daß der Betrüger zur Abschreckung in einem golddurchwirkten Festgewand am Stadtgalgen aufgeknüpft werde, der für diese Gelegenheit mit Flittergold geschmückt wurde. Zur Mahnung ließ Friedrich eine goldene Gedenkmünze schlagen, die an den Vorfall erinnerte.

Obwohl Böttger, wie auch August, davon überzeugt war, daß es ein Arkanum für Gold gab, war ihm doch klar, daß er nicht näher an dessen Entdeckung war denn Jahre zuvor als Lehrling. Das versetzte ihn in große Niedergeschlagenheit, in der ihm die Vorstellung von einem so schimpflichen Tod, der ihm beständig vor Augen stand, unerträglich war. Vielleicht, dachte er, wäre es besser, er würde seine Niederlage eingestehen und alles beenden.

In trübseliger Stimmung schickte Böttger im Dezember 1709 ein gefühlvolles Gedicht an den Kurfürsten, aus dem das Eingangszitat zu diesem Kapitel stammt, darin die beiden Zeilen: »Ja sie [die Hand] reicht selbst das Hertz in porcellanen Schalen / Und bietet beydes hier zu einem Opfer an.«

Glücklicherweise nahmen den Kurfürsten gerade politische Ereignisse in Anspruch. Im Juli 1709 hatte die russische Armee unter Peter dem Großen bei Poltawa Karl XII. von Schweden besiegt. August sah nun eine Möglichkeit, die Krone Polens wiederzuerlangen. Er brach den Friedensvertrag von Altranstädt, in dem er Stanislaus I. Leszczyński als König von Polen anerkannt hatte, und beanspruchte den polnischen Thron für sich. Zugleich schloß er ein Bündnis mit Preußen und Rußland gegen Schweden. Nun war er wieder König in Warschau, und das Problem, was mit dem unglücklichen Böttger geschehen sollte, belastete ihn weniger als noch Monate zuvor. Wenn der Alchimist schon nicht Gold machen konnte, so hatte er doch immerhin seine Befähigung unter Beweis gestellt, indem er die Porzellanherstellung entdeckt hatte. Sollte das, wie Böttger versprach, ein wirtschaftlicher Erfolg werden, dann würde ganz Europa mit Respekt und Bewunderung nach Sachsen blicken. Mit echtem Porzellan konnte er sogar mit der neuen Vorrangstellung Frankreichs in der Kunst wetteifern.

Kriege kosteten natürlich eine Menge Geld, wovon August trotz Böttgers Entdeckung nach wie vor zu wenig hatte. Auf keinen Fall wollte er unnötige Kosten auf sich nehmen, indem er etwa eine Porzellanfabrik gründete. Sollte es ihm aber gelingen, Investoren zu gewinnen, würde sein Risiko minimiert; dann hätte er nur Vorteile, was sein Ansehen und seine finanzielle Lage betraf. Am 23. Januar 1710 wurden an allen Kirchentüren Sachsens Bekanntmachungen, verfaßt in vier Sprachen, ausgehängt. Darin kündigte der Kurfürst die baldige Gründung einer Porzellanmanufaktur an. Außerdem hieß es, daß Anleger für dieses hochprofitable Geschäft gesucht würden. Wer Anteile erwerbe, könne mit 6 Prozent Zinsen über zwei Jahre plus einer zusätzlichen Dividende rechnen. Teilhaber konnten weitere Prämien erhalten, wenn sie sich damit einverstanden erklärten, daß die Rückzahlung ihres Geldes in Form von Porzellan zu einem Preis von 25 Prozent unter dem Marktwert erfolgte.

Doch die vorsichtigen Geschäftsleute Sachsens blieben skeptisch. So etwas war bisher noch nie versucht worden; daher blieb die enthusiastische Reaktion aus, mit der August eigentlich gerechnet hatte. Niemand wollte in den Betrieb investieren. Widerstrebend mußte er Böttger abermals aus der Staatskasse fördern.

Während der Kurfürst noch abwartete, welche Wirkung seine Bekanntmachung haben würde, und Briefe zwischen Dresden und Warschau gewechselt wurden, setzte Böttger emsig seine Versuche fort, um die beste Porzellanrezeptur ausfindig zu machen. Die Entwicklung schritt gut voran. Jüngst hatte er eine neue Probe Kaolin erhalten. Sie stammte aus einer Grube des reichen Landbesitzers Hans Schnorr von Carolsfeld in Aue im Vogtland. Schnorr war zufällig darauf gestoßen, als er nach Eisenerz schürfte, und hatte es mit Erfolg bei der Kobaltgewinnung benutzt. Bergrat Pabst von Ohain hatte Schnorr 1708 einen Besuch abgestattet, den unglaublich feinen, puderartigen Ton gesehen und unverzüglich eine Probe nach Dresden geschickt.

Bald fand Böttger heraus, daß Schnorrs Ton dem aus Colditz weit überlegen war. Er war leichter zu modellieren, und da er weniger Eisenoxid enthielt, wurde er beim Brennen weißer. Trotz dieser Verbesserung benutzte Böttger weiterhin Alabaster als Flußmittel, was ihm ständig Probleme bescherte. Alabaster kann als Flußmittel nur innerhalb eines sehr begrenzten Temperaturbereichs verwendet werden. Bei den damaligen Brennöfen aber konnten die Temperaturen nicht genau reguliert werden: Es gab also nach wie vor große Verluste beim Brand.

Nachdem August den Startschuß für die Porzellanmanufaktur gegeben hatte, lag ihm viel daran, daß Böttger, den er noch immer ab und zu mit Goldforderungen quälte, das Ganze sorgfältig überwachte. Der Kurfürst berief Staatsbeamte in ein Direktorium, das wiederum die Arbeit Böttgers kontrollieren sollte. Gegen Böttgers ausdrücklichen Wunsch wurde der feindselig gesinnte Michael Nehmitz zum Direktor ernannt; seine Stellung erlaubte ihm, ständig Böttgers Beziehung zum Kurfürsten zu untergraben. Da war es schon besser, jedenfalls aus der Sicht Böttgers, daß der freundliche Leibarzt Bartholmäi den Auftrag erhielt, Mitarbeiter heranzuziehen, und daß der ehrliche Steinbrück Manufakturinspektor wurde. Böttger selbst wurde zum Administrator ernannt.

Während Böttger die Rezeptur für weißes Porzellan verbesserte, begann die kommerzielle Produktion seines roten Steinzeugs. Doch das ging nicht reibungslos über die Bühne. In der Jungfernbastei in Dresden war ein größerer, leistungsfähigerer Brennofen gebaut worden. Doch dann stellte sich ein ernstes Problem ein, mit dem keiner gerechnet hatte: Es gab keine Facharbeiter. Um Erfolg zu haben, brauchte Böttger Spezialisten, die aus der Grundsubstanz, die er erfunden hatte, etwas Schönes formten. Wer aber über die nötige Erfahrung verfügte, scheute offenbar das Risiko und blieb Böttgers Mannschaft fern. Auf Anschlägen am Dresdener Rathaustor wurden Töpfer gesucht – ohne Erfolg: Es kam keine einzige Anfrage. Verzweifelt und besorgt, daß sein Geschäft niemals in Gang komme, nahm Böttger Kontakt mit dem Hof auf und konnte den Hoftöpfer Fischer überreden, für ihn rotes Porzellan zu modellieren. Da es aber Fischer nicht verborgen blieb, daß es keine Fachleute gab, nutzte er die Situation schamlos aus und verlangte einen Wucherpreis. Böttger hatte keine Alternative und mußte darauf eingehen.

Die Produktion ließ sich so gut an, daß sich bereits nach wenigen Wochen das Geschirr stapelte. Der Mangel an Lagerraum war bald ein weiteres Problem. Dr. Bartholmäi stellte die Gästezimmer seines Hauses zur Verfügung; doch das war nur eine Notlösung. Als die Lagerbestände weiterhin zunahmen, stellte sich die Frage, wie man ein solches Produkt überhaupt verkauft. Auf der Leipziger Ostermesse trafen sich alljährlich die Reichen, um die neuesten Luxusgüter zu kaufen. Das schien die beste Gelegenheit, um Böttgers rotes Steinzeug zum Kauf anzubieten. Das Direktorium hatte für einen beeindruckenden Verkaufsstand gesorgt, an dem Stücke, die aus dem wunderbaren Material gefertig waren, angeboten wurden, ebenso Proben der Fayencemanufaktur. Auch weißes Porzellan war ausgestellt, aber nicht für den Verkauf bestimmt.

Der Stand erregte beträchtliches Aufsehen und lockte laut zeitgenössischen Zeitungsberichten große Mengen Besucher an, die die »vortreffliche Schönheit« der Stücke bestaunten. In der *Leipziger Zeitung* vom 14. Mai 1710 war zu lesen: »Erstlich findet man Geschirre / als Tisch-Krüge / Théee-Bottgens / Türckische Caffé-Kannen / Bouteillen und andere zum Gebrauch und Auffsetzen nützlichen Sorten [...] theils auch wegen ihrer ungemeinen Härte / als ein Jaspis [...] als auch eckigt und facet geschliffen sind / und vortrefflichen lustre haben [...] Zum andern hat man daselbst eine Art dieser rothen Gefäße / welche wie die schönste Japanische Arbeit lacciret [...].«

Zu Böttgers Leidwesen nahm es reichlich Zeit in Anspruch, bis die neuen Schöpfungen auf größeres Kaufinteresse stießen. Die erste öffentliche Ausstellung des roten und des weißen Porzellans brachte nicht sofort den erhofften Erfolg. Nur wenige Stücke wurden verkauft, Aufträge waren noch seltener. Das ganze Unternehmen endete mit Verlust.

Nichtsdestoweniger bestand das Direktorium darauf, daß das Geschirr auf den Markt gebracht würde. Händler wurden angeworben, die Porzellan auf anderen großen Messen Europas und in benachbarten deutschen Ländern verkaufen sollten. Da man der Versuchung nicht widerstehen konnte, Böttgers Leistung in Preußen vorzuführen, wurde ein Händler mit ausgewählten Stücken nach Berlin geschickt. Man kann sich kaum die Reaktion am preußischen Hof vorstellen, als man dort begriff, daß die hervorragend gearbeiteten Vasen, Schalen, Tassen und Figurinen das direkte Ergebnis der königlichen Verfolgung eines begabten jungen Alchimisten ein knappes Jahrzehnt zuvor waren.

Die wachsende Produktion verlangte mehr Platz, insbesondere als es an die fabrikmäßige Herstellung des weißen Porzellans ging. Aber wo konnte die neue Manufaktur errichtet werden, ohne daß das wertvolle Geheimnis in Gefahr geriet, verraten zu werden. Ideal schien die Albrechtsburg, strategisch gut auf dem uneinnehmbaren Burgberg Meißens gelegen und verlassen, seit Böttger dort

1705 für einige Zeit untergebracht gewesen war. Durch die Lage der Burg waren die Arbeiten in der Manufaktur gut abgeschirmt. Und über den nahen Fluß konnten ohne Schwierigkeiten regelmäßig größere Mengen Holz herangeschafft werden, das man als Brennmaterial für die Öfen brauchte. Im Juni 1710 fand der Umzug nach Meißen statt. Böttger jedoch blieb auf persönliches Geheiß des Kurfürsten als Staatsgefangener in Dresden.

7. Umkämpftes Porzellan

Um das Geheimnis dieser Kunst möglichst zu wahren,
dürfen die Meißner Manufaktur [...] nur die Mitarbei-
ter betreten. Wie das Material gemischt und aufbereitet
wird, wissen nur sehr wenige von ihnen. Sie alle gelten als
Gefangene und werden eingekerkert, wenn sie die Um-
wallung verlassen; daher gibt es innerhalb der Anlage
eine Kapelle und überhaupt alles, was man braucht.

Jonas Hanway, 1753

Der Erfolg ließ trotz der kurfürstlichen Begleitmusik auf sich warten. In den ersten Jahren nach dem Umzug auf die Albrechtsburg schien Böttger ständig vom Pech verfolgt, und der Fortbestand der Manufaktur war immer wieder gefährdet.

Geld war eine ständige Quelle des Ärgers. Als Administrator trug Böttger die persönliche Verantwortung für die Schulden des Unternehmens. Zwar war er ein begabter Chemiker, doch finanziellen Problemen war er nicht gewachsen. Es gab keine richtigen Geschäftsberichte. Seine undurchsichtigen persönlichen Schulden waren unentwirrbar mit denen des Unternehmens verflochten. Der Kurfürst wird ihm Lohn für seinen Lebensunterhalt gezahlt haben, doch es sieht so aus, als sei das nicht regelmäßig geschehen. Spätere Biographen haben Böttger vorgeworfen, er habe die Bücher zu seinem Vorteil geändert. Wahrscheinlicher aber ist, daß die Unstimmigkeiten einfach auf seine Unerfahrenheit in finanziellen Dingen und in der Verwaltung zurückzuführen sind, wobei die Doppelzüngigkeit eines Nehmitz auch eine Rolle gespielt haben dürfte; denn der wartete nur darauf, Nutzen aus Böttgers Versäumnissen zu ziehen.

Der Kurfürst war oft monatelang in Warschau, so daß der Lohn für die übrigen Arbeiter häufig nicht ausgezahlt wurde. Selbst wenn er sich gnädig herabließ, Anweisungen an seinen Statthalter in Dresden zu schicken, damit Schulden beglichen würden, wurde das Geld oft zurückgehalten, weil auch die Staatsfinanzen hoffnungslos zerrüttet waren. Wenn der Lohn nicht gezahlt wurde, entstanden Not und Unruhe unter den hart arbeitenden Leuten, die nach wie vor faktisch als Gefangene im Stadtbezirk von Meißen lebten und denen offiziell verboten war, nach eigenem Belieben zu kommen und zu gehen. Sie wurden gezwungen, für Wochen, manchmal monatelang ohne Bezahlung zu arbeiten. Daher neigten sie zu Aufruhr und Gesetzlosigkeit. Einmal beachteten sie nicht die üblichen Beschränkungen, verließen ihre Arbeit in Meißen, marschierten nach Dresden und traten dem Kurfürsten auf seinem morgendlichen Ausritt entgegen. Diesmal wurden ihre Löhne gezahlt. Doch nicht immer hatten sie so viel Glück.

Michael Nehmitz, Vorsitzender der Kommission, die von August ernannt worden war, um den Fortgang der Arbeiten zu überwachen, sorgte für ständigen Ärger. Er vor allem war schuld an den finanziellen Schwierigkeiten der Manufaktur. Er gab Böttgers Briefe oder Nachrichten nicht weiter und schwärzte ihn ständig beim Kurfürsten an mit übertriebenen Berichten über seine Trunksucht und seine Unfähigkeit, die Manufaktur zu leiten. Damit trieb er einen Keil zwischen August und Böttger und schürte das Mißtrauen unter den Arbeitern. Später stellte sich heraus, daß das Geld, von dem er behauptet hatte, daß es Böttger unterschlagen habe, tatsächlich in seine eigenen Taschen gewandert war.

Obwohl Böttger zum Administrator der Manufaktur in Meißen ernannt worden war, wurde er noch immer in Dresden festgehalten, da der Kurfürst von ihm erwartete, daß er endlich die Formel der Goldmacherkunst finde. Also konnte er auch nicht richtig die Alltagsarbeit der Leute beobachten. Man weiß nur von insgesamt fünf Besuchen in Meißen. Damit konnte kein problemloser Betrieb eines noch jungen Unternehmens erreicht werden. Sein erster Besuch erfolgte im Juli 1710, einen Monat nachdem die Fabrik die Produktion aufgenommen hatte. Herbst 1711 kam Böttger, der mittlerweile in Dresden ein vergleichsweise bequemes Leben führte, zum zweitenmal nach Meißen. Er brachte einen Anstreicher mit, der das spartanische Innere der Albrechtsburg etwas freundlicher gestalten sollte.

Vom Start an warf die Fertigung Probleme auf. Ein neues, größeres Ofenhaus war zugesagt. Dr. Bartholmäi hatte Öfen aus dem Ausland studiert, um die wenig ergiebige Konstruktion der Öfen in der Dresdner Jungfernbastei zu verbessern. Diese waren zu klein, als daß man sie für die volle kommerzielle Produktion hätte nutzen können. Auch konnte man bei ihnen die Temperatur nicht genau regulieren. Wegen der Schwierigkeiten, die sich daraus ergaben, hatte Tschirnhaus einen solchen vermaledeiten Ofen »Glücks-Topff« genannt. Aber auch hier behinderte der ständige Geldmangel die Entwicklung. 1711 mußte sogar der Bau des neuen Ofens in Meißen eingestellt werden.

Immer wieder kam es zu lästigen Verzögerungen, verursacht durch Streitereien mit dem Domkapitel. Der Dom von Meißen liegt innerhalb derselben Befestigungsanlage wie die Albrechtsburg. Beide haben denselben Zugang durch das Mitteltor, Burghof und Domplatz gehen ineinander über. Die protestantische Geistlichkeit hatte das neue Unternehmen des katholischen Kurfürsten von allem Anfang an mit größtem Argwohn betrachtet und sich wahrscheinlich gefragt, ob mehr dahinterstecke. Mit Sicherheit wuchs ihre Verstimmung bei dem Gedanken, wie wenig eine solche Manufaktur in ihre nächste Nachbarschaft paßte.

Doch trotz aller Schwierigkeiten gelang es Böttger irgendwie, die Produktion begrenzt anzufahren. Das rote Steinzeug, das er erfunden hatte, war viel einfacher herzustellen und war auch viel haltbarer beim Brand als weißes Porzellan. Und er brauchte damals die Nebeneinnahmen, um das durch den Kurfürsten verursachte Defizit auszugleichen und weitere notwendige Versuche mit weißem Porzellan zu finanzieren.

Obwohl es bei der Herstellung und dem Brand des roten Steinzeugs keine Schwierigkeiten gab, war es doch so hart und so ungewöhnlich in den Farben, daß herkömmliche Gefäß- und Schmuckformen dafür im großen und ganzen nicht geeignet waren. Das Material war zu hart und so andersartig, daß man es nicht wie normale Keramik behandeln konnte. Neue Formen, neue Techniken der Dekoration und vor allem Kunsthandwerker mußten gefunden werden, die diesen neuen Herausforderungen gewachsen waren. Zwar halfen Töpfer der Fayencemanufaktur aus, doch waren sie nicht geschickt genug für das, was Böttger vorschwebte.

Der Masseversatz war höchst formbar. Von allem Anfang an war Böttger davon überzeugt, daß man daraus sehr schöne Stücke bilden könnte. Unter seiner Leitung entwickelten die Handwerker ganz neue Dekorationstechniken. Sie mischten rote Tone mit etwas verschiedener Zusammensetzung, um das gemaserte und gesprenkelte Aussehen von Naturstein zu erreichen. Sie verzierten die Oberfläche mit Blatt- und Blütenmotiven in der Art des chinesischen Porzellans und fügten Malereien oder Edelsteine hinzu. Bei gelungenem Brand war das Steinzeug nicht porös. Eine Glasur war also nicht nötig, und man konnte es wie Marmor einfach polieren, bis es in schimmerndem Glanz erstrahlte. Man konnte auch bestimmte Flächen polieren, andere dagegen matt belassen, wodurch sich überraschende Muster ergaben.

Der Erfolg dieser vielfältigen Dekorationstechniken hing von den Fertigkeiten zahlreicher Kunsthandwerker ab. Solche Leute aber mußten erst gefunden, erprobt, angestellt, weiter ausgebildet und eingewiesen werden. Bildhauer sollten die feinen Details gestalten, die nach dem Modellieren des Gefäßes aufgesetzt wurden. Steinschneider und Glasschleifer aus Böhmen veredelten das rote Steinzeug durch Schneiden, Gravieren und Polieren, bis es wie Marmor glänzte. Vieles davon wurde in einer neuen Schleif- und Poliermühle erledigt, die außerhalb Dresdens an der Weißeritz, einem Nebenfluß der Elbe, lag. Böttger entwickelte neuartige Schleifbänke, an denen auch Achat und andere Schmucksteine bearbeitet werden konnten.

Noch aber war Böttger nicht zufrieden. Er suchte nach weiteren Neuerungen, nach Formen, die die Blicke auf sich zogen. Da er mehr Techniker als Künstler war, brauchte er Unterstützung, um in die Realität umzusetzen, was ihm vorschwebte. Ein Wendepunkt in der Steinzeuggestaltung kam 1711, als Böttger dem Hofsilberschmied Johann Jacob Irminger begegnete. Er war so beeindruckt von dessen Arbeit, daß er ihm die Sondererlaubnis erteilte, die Manufaktur zu besichtigen – und für Versuchszwecke beste Tone mitzunehmen.

Irminger war ein Glückstreffer, und bald ernannte ihn der Kurfürst, mit Billigung Böttgers, zum künstlerischen Direktor. Er erhielt den Auftrag, eine Reihe von Stücken zu entwickeln, darunter Luxusartikel, aber auch solche für den gehobenen Mittelstand und für ausländische Kunden. Wie Böttger blieb auch Irminger in Dresden. In seiner Werkstatt erdachte er neue Formen für die Manufaktur, gestaltete sie zunächst in Kupfer, bevor sie eilends nach Meißen oder zur Dresdener Manufaktur geschickt wurden, wo man sie in Ton umsetzte. Regelmäßiger als Böttger fuhr er alle paar Monate nach Meißen und blieb mehrere Tage in der Manufaktur, behielt die Produktion im Auge und erklärte den Leuten, wie man die Wirkungen erzielte, die er sich wünschte.

Als die Arbeiter immer geschickter wurden, bemühte sich Böttger um ein größeres Repertoire. Bis 1712 hatte er mehrere größere Stücke vollendet. An Steinbrück, der die Oberaufsicht hatte, schrieb er, wie immer übertreibend, daß er nun »Gantze Öffen, Camine, Cabinetter, Tisch-Blätter, Colomnen und Säulen, Thür-Pfosten, Kleine Särge, Antiche Urnen, Taffeln zur Belegung der Fuß-Böden, Schmuck-Kästgen, Klocken-Spiehle, Handgranaten [Pastetengefäße] und Schach-Spiehle« herstellen könne. Kurz: Böttger behauptete (wie immer nicht ganz wahrheitsgetreu), daß fast alles aus seiner Erfindung gemacht werden könne.

Die weitaus meisten Stücke des roten Steinzeugs waren Gefäße für die drei Getränke, die im 17. Jahrhundert in die elegante Welt Europas Eingang gefunden hatten: Kaffee, Schokolade und Tee.

Bei den damaligen hygienischen Zuständen barg Wasser ein Gesundheitsrisiko für alle, die es ungereinigt tranken. Es abzukochen bot größere Sicherheit (obgleich die

Bakterien noch nicht entdeckt waren). Allerdings suchte man nach etwas, was seinen schlechten Geschmack überdeckte. Tee, Kaffee und Schokolade hatten nicht nur ein gutes Aroma, sie wirkten auch leicht anregend, ohne die weniger angenehmen Begleiterscheinungen des Alkohols hervorzurufen.

Kaffee wurde aus den arabischen Ländern eingeführt, wo man ihn bereits seit dem 14. Jahrhundert genoß. Kakao hatten die Spanier bei ihrer Eroberung Mexikos entdeckt. Tee stammte wie das Porzellan aus China, wo er seit Jahrhunderten das bevorzugte Getränk war. In Kanton hieß er »cha«, und hier waren portugiesische Händler darauf gestoßen, die ihn schon 1580 in Lissabon eingeführt hatten. 1613 notierte Samuel Purchas bei seinem Besuch Chinas, wie ihm die Einheimischen als Zeichen der Freundschaft »chia« zu trinken angeboten hätten. Das Getränk werde mit sehr teuren Blättern zubereitet. Ein Jahrhundert später war Tee wie so vieles andere aus dem Fernen Osten Mode in ganz Europa.

Obwohl diese Getränke zu Böttgers Zeit fest zur feinen Gesellschaft gehörten, war die Frage noch ungeklärt, wie sie serviert werden sollten. Eines der frühesten Beispiele eines vollständigen Tafelgeschirrs für Tee und Kaffee hatte der einfallsreiche Hofjuwelier Dinglinger in den Jahren 1697 bis 1701 geschaffen, um Augusts Besteigung des polnischen Throns zu feiern. Das Service ruht auf einem pyramidenförmigen Gestell aus massiven Gold, bekrönt von einer kleinen Teekanne, die eher einer heiligen Reliquie ähnelt. Es ist ausgestattet mit kostbaren goldenen Zuckerdosen, hervorragend gearbeiteten Elfenbeinfigürchen und fein gravierten Kristallvasen. Das Ganze ist mit Tausenden von Edelsteinen besetzt. Am erstaunlichsten aber ist, daß die Tassen aus reinem Gold sind, emailliert in der Art chinesischen Porzellans. Daraus geht hervor, daß Dinglinger wie jeder andere Kunsthandwerker des Landes trotz aller Möglichkeiten – der Mengen Goldes, erstaunlicher Fähigkeiten und hervorragender Handwerker – damals seinem Herrn keine in Sachsen hergestellte Porzellantasse liefern konnte.

Es war natürlich »nur« ein Prunkstück, nicht bestimmt für den Gebrauch. Hätte man es tatsächlich benutzt, wäre die Verlegenheit Dinglingers vollends ans Licht gekommen. Um Tee und Kaffee zu trinken, benötigt man ein Material, das einerseits der Hitze kochenden Wassers widersteht, das aber andererseits die Person, die das heiße Getränk schlürfen will, vor Verbrennungen schützt. Silberkannen waren für Kaffee, Tee und Schokolade durchaus geeignet. Doch Silber ist wie alle Metalle ein guter Wärmeleiter und daher untauglich für Tassen. Gleiches gilt auch für alle anderen Metalle.

Mit Töpferwaren ist es ganz anders, denn Ton ist ein schlechter Wärmeleiter. Daher begannen die schlauen Töpfer von Delft mit der Produktion von Kannen und Tassen, als sich jene Getränke explosionsartig in Europa verbreiteten. Doch es gab auch Nachteile. Der Scherben der Irdenware ist porös. Wenn die Glasur auch nur den kleinsten Riß aufwies – und Bleiglasur ist höchst empfindlich –, war das Gefäß nicht wasserdicht.

Im Fernen Osten wurde Tee in einem Kessel aufgebrüht und in kleinen henkellosen Tassen gereicht. Als die Chinesen sahen, daß die uneinsichtigen Europäer es vorzogen, ihren Tee aus Kannen einzugießen, begriffen sie sofort, daß das ihre Marktchancen weiter verbesserte. Sie begannen mit der Produktion von Kannen aus Steingut für den Export, wobei sie die Formen von europäischen Silberkannen oder Delfter Fayencen nachahmten.

Als Böttger die chinesischen Nachahmungen europäischer Vorbilder untersuchte, stellte er fest, daß seine Produkte feiner gearbeitet waren als das chinesische Steingut, aber genausogut kochendes Wasser aushielten. So drehen sich Moden im Kreis und mit ihnen fruchtbare Ideen und seltsame Bräuche: Ein Muster kam von Europa nach China, um in Europa mit offenen Armen wieder aufgenommen zu werden.

August der Starke bewunderte sehr die Nachahmungen chinesischer Töpferware, Imitationen, die seine neue Manufaktur lieferte. Mit den Vorbildern kannte er sich gut aus, da er eine große Sammlung chinesischer Porzellane besaß. Er war noch mehr entzückt, als ihm Böttger ein Gefäß vorführte, das dem ostasiatischen sogenannten roten Porzellan in jeder Hinsicht geglichen und Marmor und Porphyr in Härte und Schönheit übertroffen haben soll. Wie auch bei anderen Luxusgütern, war der Heißhunger des Fürsten sogleich geweckt. Der Produktionsausstoß der Manufaktur nahm zu. Allerdings waren alarmierend große Mengen für den Kurfürsten bestimmt. August, großtuerisch wie immer, verlangte von Böttger, daß besonders monumentale Stücke für seine Schlösser geliefert werden sollten. Auf fürstlichen Befehl entstanden 60 Zentimeter hohe Vasen und Schalen mit einem halben Meter Durchmesser. Insgesamt wurden etwa 800 Stücke für die kurfürstliche Sammlung angeschafft. Darüber hinaus beschenkte August Fürsten und Würdenträger, die zu Besuch weilten, reichlich mit Porzellan – immer erpicht darauf, die unvergleichlichen Produkte seiner neuen Manufaktur vorzuführen.

Als Schutzherr der Manufaktur konnte August Porzellan und Steinzeug zu stark reduzierten Preisen kaufen.

Dennoch war er nur selten bereit, überhaupt irgend etwas für seine Erwerbungen zu zahlen, da er in ihnen berechtigte Entschädigungen für seine Investionen sah. Die Außenstände machten Böttgers Geldprobleme noch größer. Trotz der Produktionssteigerung machte die Manufaktur keinen Profit. Anderthalb Jahre nach Betriebsbeginn waren zwar 13 000 Stücke gelagert, fertig zum Verkauf, gab es einen Ausstellungsraum für Besucher, aber nach Berechnungen Steinbrücks lagen die Ausgaben um 50 Prozent höher als die Einnahmen.

Was Böttger in Dresden nicht wissen konnte, war, daß der Hauptgrund für die schlechte wirtschaftliche Lage in der Korruption lag, die das ganze Unternehmen durchzog. Die größte Schuld daran hatte wohl Michael Nehmitz, der Leiter der Kommission. Er zweigte von den Geldern, die August zu den laufenden Kosten beisteuerte, Beträge für sich selbst ab. Er verkaufte Tonwaren in Leipzig und strich die Gewinne ein. Auch der Buchhalter Mathis war korrupt. Er wurde ebenfalls dabei erwischt, wie er Steinzeug in Leipzig verkaufte und den Erlös in die eigene Tasche steckte. Von der Leitung waren nur der Inspektor Steinbrück und Dr. Bartholmäi über jeden Verdacht erhaben. Auch weiter unten in der Hierarchie hörte man gerüchtweise von Diebstahl und Betrug, wovon sich gewiß einiges nachteilig auf die Zukunft der Manufaktur ausgewirkt hat.

Die Einmaligkeit von Böttgers Erfindung, von August in glühenden Farben verkündet, hatte zu ungewöhnlichen Rivalitäten in ganz Europa geführt. Noch bevor Porzellan überall zu haben war, hatte es zahlreiche Versuche gegeben, die geheimen Rezepturen für Steinzeug und Porzellan zu stehlen. Auf den lärmenden Marktplätzen und in den Gasthäusern Dresdens und Meißens trieben sich viele Spione herum in der Hoffnung, Unterhaltungen zwischen

Arbeitern der Manufaktur belauschen zu können, und dabei so viele Einzelheiten wie möglich in Erfahrung zu bringen.

August wußte sehr wohl um diese Gefahren und drohte seinen Arbeitern mit strengster Bestrafung für den Fall, daß sie dabei erwischt würden, wie sie mit Fremden über ihre Kenntnisse redeten. Für ihn waren Gespräche über die Herstellung von Porzellan gleichbedeutend mit Hochverrat. Einer Anregung Böttgers folgend, wurde außerdem darauf geachtet, daß kein Arbeiter wußte, wie der Herstellungsprozeß außerhalb seiner eigenen Zuständigkeit ablief.

Aber alle Vorsichtsmaßregeln konnten das Geheimnis nicht schützen. Als erster zog Samuel Kempe, ein Brennmeister und Massebereiter in der Manufaktur in Dresden-Neustadt, Gewinn aus seinem Wissen. Er war bereits zuvor mit der Hand in der Kasse erwischt und deswegen zu zwei Jahren Festungshaft verurteilt worden. Als er die Hälfte seiner Strafe abgesessen hatte, schrieb er einen Brief an Böttger, in dem er um Mitleid für seine mißliche Lage flehte. Dafür hatte Böttger nur zu sehr Verständnis. Und da er irrtümlicherweise annahm, Kempe habe seine Lektion im Gefängnis gelernt und würde so etwas nie wieder tun, unterstützte er dessen Gnadengesuch. Nach der vorzeitigen Entlassung Kempes setzte sich Böttger weiterhin für ihn ein, gab ihm seine Arbeit zurück; auch durfte er im Laboratorium aushelfen.

In dieser privilegierten Stellung konnte Kempe unmittelbar die Experimente Böttgers verfolgen; dabei erfuhr er auch ganz genau, wie das rote Steinzeug hergestellt wurde. Einige Monate später vergalt er offenbar ohne Gewissensbisse das Vertrauen Böttgers, indem er eines Tages nicht zur Arbeit erschien. Böttger, der sofort das Schlimmste annahm, schickte umgehend einen Boten zu Kempes Wohnung. Doch der war spurlos verschwunden. Eine Durchsuchung der Dresdener Manufaktur ergab, daß er einen großen Klumpen Tonmasse für das rote Steinzeug mitgenommen hatte. Es stellte sich heraus, daß man ihn nach Preußen gelockt hatte; die alte Rivalität zwischen den beiden Ländern war zu neuem Leben erwacht. Der preußische Geheimrat Görne hatte Kempe eine lukrative Anstellung angeboten und mit seiner Hilfe 1713 in Plaue ein Konkurrenzunternehmen für Steinzeug ins Leben gerufen.

Das Geschirr aus Plaue war aber nie so gut wie jenes aus Meißen. Das Material war gröber und das Dekor reichlich seltsam proportioniert. Doch die Verletzungen der Sicherheitsmaßnahmen hatte dem Kurfürsten und seinen Administratoren einen gewaltigen Schreck eingejagt. Die Episode zeigte, daß das Geheimnis der Porzellanherstellung in größerer Gefahr war, als man befürchtet hatte.

8. Weißes Gold

Oh, sie sehen aus wie Werke des Himmels,
Dies ist der Menschheit Porzellan,
Und daher in diese edle Form gegeben.

John Dryden, *Don Sebastian*, 1689

Im zarten Frühlingslicht des Jahres 1713 schlenderten die Besucher über die berühmte Leipziger Ostermesse. An der prominenten Ausstellung der kurfürstlichen Meißner Manufaktur aber konnten sie nicht anders, als stehenzubleiben. Elegant gekleidete Adlige, wohlhabende Kaufleute, Damen in wallenden samtbesetzten Mänteln über seidenen Kleidern begrüßten einander, tauschten Artigkeiten aus und staunten laut über das Schauspiel, das alle Blicke auf sich zog.

Obwohl das eindrucksvolle Angebot an Luxusgütern typisch für die Leipziger Messe war, wurde dieses modebewußte Publikum doch von dem außergewöhnlichen Aufgebot aus Meißen in Bann geschlagen. Das hatte es noch nicht gegeben: ein unglaublicher Schatz aus zarten Bechern, zerbrechlichen Teeschalen, dünnen Untertassen, fein verpacktem Geschirr, Teedosen und Pfeifen – und alles aus funkelndem weißem Porzellan, wie es noch nie in Europa hergestellt worden war.

Vorsichtig ergriffen sie die zartesten Teeschalen, hoben sie empor ins milde Sonnenlicht und waren entzückt, wenn der zarte Scherben aufleuchtete. Ihre Blicke verweilten bei kleinen Bechern mit Rankenwerk aus naturalistischen Blättern und Blumen, dann bewunderten sie wieder den schimmernden Glanz eines anderen Stückes. Die Preise waren hoch. Doch das Publikum von Welt würde zweifellos einsehen, daß solche künstlerischen einzigartigen Neuheiten eben ihren Preis hatten. Es war ein historisches Ereignis: Zum erstenmal wurde echtes Porzellan aus Europa zum Verkauf angeboten.

Im 18. Jahrhundert lockte die Leipziger Messe viele reiche und anspruchsvolle Besucher an. Und hier hatte Augusts Porzellan gewissermaßen seinen ersten öffentlichen Auftritt. Die Kunden – vergnügungssüchtige königliche Prinzen, vermögende Adlige und Begüterte – wollten das Neueste erwerben: Möbel, Gläser, Metallarbeiten, Keramik, Stoffe und noch vieles andere. Die Veranstaltung, meinte Lady Mary Wortley Montagu, »war eine der bedeutendsten [Messen] in Deutschland, Tummelplatz sowohl der vornehmen Gesellschaft als auch der Kaufleute«. Bei ihrem Besuch wollte sie sich mit lebenswichtigen Gütern wie »Pagenlivreen, Goldsachen für mich selbst usw., eben solche Sachen« eindecken.

Auf früheren Messen hatten aufmerksame Besucher allenfalls eine Handvoll weißen Porzellans neben dem roten Steinzeug flüchtig zu Gesicht bekommen. Es waren nur kuriose Raritäten, mehr nicht, eine erregende Vorahnung künftiger Dinge. Sie waren auch nicht zum Verkauf gedacht gewesen. Nun aber konnten die Besucher nicht nur staunen, sie sollten kaufen. Sie konnten einen Satz funkelnder Teeschalen mit nach Hause nehmen, geziert am Tee nippen, ganz zufrieden bei dem Gedanken, daß diese erlesenen Gefäße in Sachsen hergestellt worden waren, und zwar in der Manufaktur des berühmtesten Fürsten Deutschlands. Das königliche Wappen auf diesen Stükken steigerte deutlich die Wirkung auf die modebesessenen Messebesucher. Und so war es kein Wunder, daß die vornehmen Kunden solchen Neuheiten nicht widerstehen konnten! Und zu Böttgers Freude schnellte die Zahl der Bestellungen und der Verkäufe in die Höhe.

Böttgers erster richtiger Erfolg auf der Leipziger Messe von 1713 war ein hart errungener Sieg. 1711, ein gutes Jahr nach Eröffnung der Manufaktur, hatten die gravierenden Geldprobleme den Kurfürsten gezwungen, eine weitere Sonderkommission einzusetzen. Vor ihr sollte Böttger die hoffnungslose Finanzlage erläutern, in die die Manufaktur geraten war. Die meisten Ausschußmitglieder waren Böttger nicht gerade freundlich gesinnt, im Gegenteil. Doch er schöpfte Mut, als er unter ihnen auch den gewissenhaften und aufrichtigen Inspektor Johann Melchior Steinbrück und Bartholmäi, der ebenfalls die Manufaktur entschieden befürwortete, entdeckte.

Böttger wehrte sich gegen die Vorwürfe und verteidigte sich mit einem stichhaltigen Argument. Die meisten Probleme gingen nämlich auf die unregelmäßigen Zahlungen des Kurfürsten zurück, der doch gerade mal zwölf Monate zuvor in aller Öffentlichkeit die Gründung seiner Manufaktur gefeiert habe. Ohne den versprochenen Brennofen sei die Massenproduktion von Porzellan nicht möglich. Und ohne Geld könne der neue Ofen nicht gebaut werden. Ohne ausreichende Lieferung von Holz könnten auch die übrigen Öfen nicht betrieben werden. Gegenwärtig werde Brennmaterial nur unregelmäßig geliefert und sei auch noch lachhaft teuer. Darüber hinaus sei eine erfolgreiche Herstellung von weißem Porzellan nur bei reichlicher Anlieferung des notwendigen Grundstoffs, insbesondere des Kaolins, gewährleistet. Colditzer Ton hatte sich nämlich als unzuverlässig erwiesen. Und Böttger drängte Bartholmäi, einen Vertrag mit Schnorr über die Lieferung des Tons von Aue zu schließen; denn der war von weit besserer Qualität, höherer Reinheit und ließ sich viel besser brennen. Im übrigen, fuhr Böttger fort, könne man von der Manufaktur keinen Gewinn erwarten, solange solche Unmengen Steinzeug und Fayencen vom Kurfürsten bestellt, aber niemals bezahlt würden. Derlei würde die Manufaktur auf Dauer ausbluten. Wenn Personalkosten und die Lieferungen weiterer Rohstoffe nicht gesichert seien, komme das Unternehmen nie in Gang.

Künftig müsse der Kurfürst garantieren, daß seine Bestellungen bezahlt würden, daß Löhne und Zulieferungen gesichert seien, daß auf seine Investitionen in die Entwicklung der Manufaktur Verlaß sei. Schließlich machte Böttger unmißverständlich klar, daß er, Entdecker des Arkanums und Administrator der Manufaktur, sämtliche Vollmachten für den ganzen Betrieb erhalten müsse. Zur Zeit träfen seine Anweisungen stets auf Widerstand bei Michael Nehmitz und dessen Leuten, die sich allesamt in alles einmischten. Dieses System funktioniere nicht und würde die Manufaktur unweigerlich in den Bankrott führen.

Die Kommission muß diesen leidenschaftlichen Auftritt mit ungläubigem Staunen verfolgt haben. Wie konnte es ein eingesperrter Alchimist, der doch bewiesen hatte, daß er vom Geschäft nichts verstand, nur wagen, ihre Verwaltung derart zu kritisieren und solche einschneidenden Reformen einzufordern? Wie konnte außerdem jemand, der so unordentlich und ungeeignet war, glauben, er könne die alleinige Verantwortung für solch ein fürstliches Prestigeunternehmen erhalten?

Doch im Unterschied zu Nehmitz und den anderen Beamten, die in erster Linie an ihren eigenen Vorteil dachten, waren Steinbrück und Bartholmäi sofort mit Böttger einverstanden, denn sie begriffen, daß er, anders als seine Kritiker, tatsächlich die Geschäftslage der Manufaktur im

Auge hatte. Natürlich hatte er seine Fehler – Böttgers Vorliebe für Saufgelage war mittlerweile bekannt –, aber im Grunde vertrauten sie ihm. Und daher unterstützten sie nun nachdrücklich sein Verlangen nach Veränderung. Ihr Einfluß zwang die Kommission einzuräumen, daß Böttger allen Grund zur Klage hatte, seine Beschwerden weiterzuleiten und dem Kurfürsten Reformen zu empfehlen.

Obwohl August weiterhin ganz von der Politik in Anspruch genommen wurde, blieb seine Porzellanmanie unverändert stark. Sein Stolz auf die einzigartige Manufaktur blieb bei allen Schwankungen doch unerschütterlich. Der Bericht der Kommission veranlaßte ihn, sich um ihr Weiterleben zu kümmern. Ganz klar, ohne finanzielle Unterstützung würde der Betrieb nicht laufen. Da mußte sich, das sah der Kurfürst ein, etwas ändern.

Geld wurde aufgetrieben, um Löhne zu zahlen und den neuen Ofen fertigzustellen. Böttger stand zwar noch unter Hausarrest, doch nun erhielt er Finanzmittel, um die laufenden Kosten und anderen Aufwand zu bestreiten. Am meisten aber fiel ins Gewicht, daß er die Oberaufsicht über die Produktion und den Verkauf erhielt. Schließlich wurde eine eigene Zwischenhandelsgesellschaft gegründet. Nur sie hatte das Recht, die Waren aus den Meißner Produktionsstätten zu verkaufen. So hoffte man, die Geldflut in die Taschen korrupter Beamter einzudämmen.

Der Einfluß der Kommission war für einige Zeit geschwunden. Doch Nehmitz überstand die Umbildung und behielt so viel Macht, daß er auch weiterhin Böttger Schwierigkeiten machen konnte. Ganz gerissen legte er Geld in die Zwischenhandelsfirma an und zog damit größten Gewinn aus Böttgers Entdeckung der Porzellanherstellung, oft auf Kosten des ahnungslosen und verarmten Administrators. Nach einem Jahr war der leistungsfähige neue Ofen schließlich fertig. Nur wenige Einzelheiten der frühen Brennöfen sind uns überliefert. Immerhin wissen wir, daß Böttger einen neuen Ofentyp entwickelt hat, mit dem die für die Porzellanherstellung notwendigen äußerst hohen Temperaturen erzielt werden konnten. Zu diesem Zweck hatte er ganz neue Tonziegel gebrannt. Die frühen Brennöfen waren klein und zylindrisch, etwa einen halben Meter lang und 30 Zentimeter breit. In ihnen konnten nur kleine Porzellanstücke gebrannt werden. Spätere Öfen waren rund zehnmal größer, funktionierten aber im Grunde nach demselben Prinzip. Es spricht für die Genialität Böttgers, daß seine Konstruktion bis ins frühe 19. Jahrhundert nicht wesentlich verbessert werden konnte.

Mittlerweile trafen große Ladungen bester Porzellanerde von Schnorrs Grube in Aue auf Ochsenkarren ein. Auf lange Sicht waren die Tonlieferungen keineswegs sicher. Schnorrs Sohn, Hans Enoch, war ein höchst verschlagener Mensch. Bald begann er bei jeder Gelegenheit die Abhängigkeit der Manufaktur von seinem Ton auszunutzen. In den folgenden Jahrzehnten hat er für viel Ärger gesorgt, indem er den Preis für seine Erde ganz nach Belieben anhob. Allein in der ersten Dekade hat er den Preis fast verdoppelt und übermäßige Frachtkosten erhoben. Wenn auch nur das geringste Anzeichen von Unzufriedenheit aus Meißen kam, machte Schnorr sofort klar, wie wichtig seine Zusammenarbeit war: Nach Laune verzögerte er Lieferungen, sandte schlechten Ton, der nicht verarbeitet werden konnte, belieferte Konkurrenzunternehmen, obwohl er einen Vertrag unterschrieben hatte, seine Porzellanerde an niemand anders zu verkaufen. Im Jahr 1712 jedoch schienen die Lieferungen gesichert, so daß Böttger endlich mit der lange erwarteten Porzellanproduktion beginnen konnte.

Steinbrück kam regelmäßig zur Inspektion in die immer geschäftigere Manufaktur. Es gab eine Reihe höchst ausgeklügelter Herstellungsverfahren, die sorgfältig überwacht werden mußten. Die erste Stufe des mühsamen Prozesses, rohen Ton und Gestein in so unvergleichlich schöne Gegenstände zu verwandeln, daß sie einen Platz im prächtigsten Palast verdienten, war die Zubereitung der Rohstoffe. Porzellanerde ist eine krümelige Substanz, die Feldspatkörnchen, Quarzsand und andere Verunreinigungen enthält; wenn die Bestandteile nicht entfernt werden, können sie die äußere Textur des Porzellans zugrunde richten und die Färbung trüben. Der Ton muß daher zunächst gereinigt und verfeinert werden.

Dieser Prozeß lief in einem System miteinander verbundener Gefäße ab, durch die Wasser mit gleichbleibender Geschwindigkeit floß. Wenn der Ton im ersten großen Bottich durch das fließende Wasser aufgewühlt war, setzten sich die schwersten, grobkörnigen Partikel am Boden ab. Die feineren Teilchen, die den eigentlichen Töpferton bilden, schwebten weiterhin im Wasser und flossen in das nächste Becken. Sobald alle Sandpartikel entfernt waren, wurde die Masse durch Filterpressen geleitet und dabei entwässert. Die feste Masse bestand nun aus feinem Kaolin. Mittlerweile war als Flußmittel fester Alabaster mit Holzstößern zerkleinert und mit Mahlsteinen zermahlen worden, bis er die Konsistenz von Puderzucker hatte.

Die nächste Stufe, der Masseversatz, war eine besonders heikle Phase. Sorgfältig abgemessene Mengen der Hauptbestandteile, Kaolin und Alabaster, wurden mit einer breiten Rührstange in offenen Bottichen verrührt, bis schließlich der Brei gründlich durchmischt war. Dieser cremigen weichen Paste wurde abermals in Filterpressen aus Haarsieblagen überflüssiges Wasser entzogen. Die nunmehr etwas festere Masse trugen Lehrlinge in die feuchten Gewölbe der Albrechtsburg, wo sie acht Wochen lagerte, damit sie formbar wurde. Dann wurde sie geknetet und noch einmal gepreßt, um die letzten Luftbläschen zu entfernen, bevor sie zu den Modelleuren gebracht wurde. Einfache Hohlkörper wurden auf der Töpferscheibe aufgedreht. Komplexere Gebilde wurden in Teilen ausgeformt, und zwar in Gußformen aus Gips, später zusammengesetzt, wobei anstelle von Klebstoff flüssige Porzellanpaste verwendet wurde.

Danach lagerten die Formlinge bis zu drei Monaten und trockneten an der Luft. In dieser Zeit schrumpften sie durch den Flüssigkeitsverlust um 24 bis 28 Prozent. Es war ganz entscheidend, daß dieser Prozeß langsam vor sich ging. Wenn das Material zu schnell trocknete, konnte die Schrumpfung zu Rissen in der Oberfläche führen.

Nun erfolgte der erste Brennvorgang, der Verglühbrand, bei einer Temperatur von 800° Celsius. Dabei wurde der Formling vor der Glasur stabilisiert und die noch verbliebene Feuchtigkeit ausgetrieben. Böttgers Glasur bestand aus den gleichen Komponenten wie der Porzellanscherben. Allerdings war der Anteil an Alabaster höher, wodurch der Sinterungsprozeß beschleunigt wurde. Nach dem Glasieren wurden die Stücke in hitzebeständige Brennkapseln, die sogenannten Muffeln, gegeben, die sie vor den Flammen, dem Rauch und der Glutasche schützen sollten. Dann wurde der Brennofen bis zur Temperatur von 1450° Celsius gefahren. Danach ging das Feuer allmählich zurück, der Ofen kühlte langsam ab. Da es keine Thermometer gab, erforderte die Einschätzung der Temperatur ein hohes Maß an Erfahrung. Zuviel oder zuwenig Hitze zerstörte den wertvollen Inhalt des Ofens. Böttger hatte die Konstruktion der Öfen stark verbessert. Steinbrück berichtet für diese Zeit nach 1713: »Was sotane Öfen anbetrifft, so sind solche von gantz neuer und besonderer Invention [...] sintemahl die Luft hier mit dem Feuer sich gleichsam vereiniget und es durch einen unglaublichen Zug dermassen subtiliret, dass es eher eine feurige Luft, als dem ordinairen elementarischen Feuer ähnlich siehet, den sonst bei allen Öfen gewöhnlichen und sehr incommoden Rauch verzehret es gäntzlich und läßet sogar von dem Holtze kaum soviel zurück [...].« Vielleicht hat Steinbrück nicht verstanden, warum die Glasur bei hoher Temperatur durchsichtig wird und mit dem gesinterten Porzellan verschmilzt; abgekühlt, wird diese durchsichtige Schicht über dem schimmernden Scherben sehr hart. Aber es stand außer Frage, daß Böttgers Glasur die Haut aus geschmolzenem Gestein über dem Fleisch und den Knochen aus Ton und Mineralien war.

Ohne Bemalung ist Porzellan weiß. Es gibt verschiedene Weißtöne, je nach Entstehungszeit, Herkunftsland und Produktionsstätte. Wenn man lange und genau genug Böttgers glasiertes Porzellan mit jenem aus China vergleicht, wird man verschiedene Weißschattierungen feststellen. Die feinen Nuancen – perlweiß, gräulichweiß, bläulichweiß oder gelblichweiß – entstehen durch unvermeidliche Schwankungen in der mineralischen Zusammensetzung des Tons und der anderen Materialien, die bei der Produktion verwendet wurden. So wie Weinkenner an der Farbe, am Bukett und dem Geschmack eines Glases Bordeaux oder Burgunder den Jahrgang erkennen können, so sind Fachleute in der Lage, am Weißton des Porzellans dessen Herkunft zu bestimmen.

Ostasiatisches Porzellan hat oft, wie Böttger festgestellt hat, eine leicht bläuliche Tönung, die zum Teil dadurch entsteht, daß chinesische und japanische Töpfer ein feldspathaltiges Material, Petuntze, als Flußmitttel bevorzugten. Böttger verwendete Alabaster; sein Porzellan spielte daher ein wenig ins Gelbe. Für den heutigen Geschmack bringt das eine angenehme Weichheit in das kalte Weiß. Böttger und August hingegen maßen ihr Porzellan am fernöstlichen Vorbild und wollte es unbedingt weißer haben als jenes der Chinesen und der Japaner. Doch der Vergleich mit dem ostasiatischen Porzellan führte noch ein wichtigeres Problem vor Augen, das des Farbdekors, der erst noch entwickelt werden mußte.

Die Bemalung von Keramik ist auf drei Arten möglich. Am einfachsten ist es, wenn man die Farben nach dem Brennen direkt auf die Glasur aufträgt. Diese kalte Lackbemalung, eher plump ausgeführt, trugen einige weiße Porzellanstücke, die auf der Leipziger Messe zum Verkauf angeboten worden waren. Ihr großer Nachteil war, das sie nur schlecht haftete und sich leicht abnutzte. Böttger und dem Kurfürsten wurde rasch klar, daß ihr Porzellan mit gebrannten Schmelzfarben verziert werden müsse, um Erfolg zu haben.

Keramische Farben müssen Hitze aushalten. Sie bestehen aus verschiedenen Metalloxiden, die mit Glas gemischt werden. Nach dem Hauptbrand (bei hoher Temperatur) werden sie auf den glasierten Scherben aufgetragen und bei niedriger Temperatur eingebrannt. Dabei nehmen die Oxide verschiedene Farbtöne an und verschmelzen mit der durchsichtigen Glasur. Das Hauptproblem lag für Böttger darin, daß jeder Farbton aus einer bestimmten Mischung besteht. Also mußten alle Zusammensetzungen bei verschiedenen Temperaturen getestet werden. Jede Farbe war eine neue und schwierige Herausforderung.

Größere Schwierigkeiten bietet die Unterglasurmalerei.

Sie wird auf das zweimal gebrannte, aber noch nicht glasierte Hartporzellan aufgetragen. Danach wird das Stück wie üblich glasiert und ein weiteres Mal gebrannt. Unterglasurfarben nutzen sich überhaupt nicht ab. Mögen die Bilder exotischer Gärten oder elegant gekleideter Hofleute noch so zart sein, sie sind sicher unter der undurchdringlichen, aber durchsichtigen Glasurschicht.

Aber diese Technik ist alles andere als einfach. Die Farbe muß die sehr hohen Temperaturen vertragen. Bei diesen extremen Bedingungen soll der metallische Bestandteil dauerhaft zu dem gewünschten Farbton werden. Ein winziger Fehler bei der Mischung oder bei der Temperaturregelung – und die Farben sind anders oder die Schmuckform verläuft auf der Glasur oder die Zeichnung geht verloren.

Fast vier Jahrhunderte bevor Böttger sich um Unterglasurmalerei bemühte, hatten die Töpfer von Jingdezhen in Ostchina sie bereits entwickelt. Sie benutzten dazu Kobaltoxid, das beim Brennen ein kräftiges Blau ergibt. Die Technik verbreitete sich nach Korea und Japan, wo in der Gegend von Arita auf Kyushu Porzellan mit blauer Unterglasurmalerei seit dem frühen 17. Jahrhundert hergestellt wurde. Zur Zeit Böttgers hatten die ostasiatischen Töpfer eine außergewöhnliche Meisterschaft in dieser Technik erreicht. Sie schufen das typische Blauweißporzellan, das sie in Aufglasurmalerei mit farbenprächtigen Ornamenten versahen. Daraus bestand die große Mehrheit des importierten Porzellans, das August bewunderte.

Für den Kurfürsten blieb Böttgers Porzellan unvollkommen, solange es nicht Unterglasurblau aufwies. Die Aufgabe war fast so schwer wie jene, Gold zu machen.

9. Der Preis der Freiheit

There's a joy without canker or cark,
There's a pleasure eternally new,
'Tis to gloat on the glaze and the mark
Of china that's ancient and blue.

Andrew Lang, *Ballade of Blue China*, 1880

Alles hängt, schrieb Shelley, von Schicksal, Augenblick, Gelegenheit, Zufall und Veränderung ab. Ungewöhnliche Umstände und ebensolche Begabungen haben Böttgers Leben und Persönlichkeit geprägt. Versucht man jedoch seinen Charakter näher zu bestimmen, entsteht ein höchst widersprüchliches Bild: launenhaft, niedergeschlagen, sentimental, scharfsinnig und charmant, manchmal tollkühn, dann wieder unentschlossen, verantwortungslos und schwach; ein liebenswürdiger Bonvivant, ein hemmungsloser Trunkenbold, aber stets ein sehr genauer und fähiger Chemiker.

Auch seine Gesichtszüge, wie sie auf Bildnissen festgehalten sind, scheinen die Zerrissenheit seines Charakters widerzuspiegeln. Auf dem einzigen bekannten zeitgenössischen Porträt wirkt er krank und vom Tode gezeichnet. Die strenge Seitenansicht zeigt Sorgenfalten, ein vorspringendes Kinn; die Lippen verraten Entschlossenheit, und in den Augen spiegeln sich abgründige Phantasien. Andere, nach seinem Tod entstandene Bilder präsentieren einen romantisch verklärten Helden, einen Freigeist und Wüstling, einen zügellosen Menschen mit Locken, in denen der Wind spielt, mit vollen, sinnlichen Lippen und Augen, aus denen ein funkelnder Geist leuchtet.

Widersprüchliche Gefühle rufen auch die zeitgenössischen Beschreibungen seiner Persönlichkeit hervor. Einmal wird das Bild eines Mannes gezeichnet, der mit großem Feingefühl ganz seinen Mitarbeitern verpflichtet war. Wildenstein, einer seiner ersten Gehilfen, erinnerte sich, daß gerade in der schwierigsten Phase der Experimente in Dresden Böttger »die Leuthe mit lauter Bescheidenheit zu[redete], worauff wir eine solche Liebe zu ihm hatten, daß wir lieber Tag und Nacht gearbeithet hetten«. Es kam mehr als einmal vor, daß wegen Böttgers unangebrachten Mitgefühls und Vertrauens Geheimnisse verraten wurden. Dennoch war Böttger kein nachgiebiger Mensch. Immerhin wurde auf seine Anordnung hin den Arbeitern in Meißen ein Wochenlohn abgezogen, wenn sie einen Tag fehlten.

Jahre einsamer Gefangenschaft hatten Böttger depressiv gemacht. Das führte zu Anfällen weinerlichen Selbstmitleids. Dennoch war er in den vielen Jahren der Haft gewiß nicht als gewöhnlicher Verbrecher behandelt worden. Obwohl er ständig von Soldaten bewacht wurde, bewohnte er in den späteren Jahren seines Hausarrests behagliche Räume in nächster Nähe des Laboratoriums in Dresden. Des Kurfürsten neidvolle Achtung spiegelt sich in den vielen Vorrechten wieder, die er Böttger einräumte. 1711 erhielt Böttger sogar den Freiherrentitel (Baron). Seitdem führte er das Leben eines wenn auch eingesperrten Adligen. Er war großzügig und gastfreundlich. Offen diskutierte er seine Ideen mit dem Landesherrn und führenden Gelehrten, Philosophen und Künstlern am Hof. Und er nahm gern an Trinkgelagen teil. Er fühlte sich so unabhängig, daß er sein Herz ganz freimütig dem Kurfürsten öffnete. Ihm schrieb er, daß die Arbeiten seine erstgeborenen Kinder seien, die er über alles liebe, was man nicht falsch verstehen möge.

Baron Böttger war also weder einsam, noch entbehrte er Komfort und geistige Anregungen. Doch man spürt zugleich, daß alles, worauf diese leidenschaftliche Seele verzichten mußte, leicht zur überwältigenden Obsession werden konnte. Und das einzige, das ihm nach der Entdeckung der Porzellanherstellung fehlte, war die Freiheit. August jedoch hatte keinerlei Veranlassung, Böttger die Freiheit zu schenken, bevor dieser nicht sein Versprechen, Gold zu machen, eingelöst hatte. Gedrängt von Nehmitz, begann der Kurfürst 1713 Böttger wieder unter Druck zu setzen. Er verlangte für den 20. März eine Transmutation in seiner Anwesenheit, außerdem sollten Fürstenberg und Nehmitz zugegen sein. Falls er versage, sei sein Leben in Gefahr. Wieder mußte sich Böttger den Dingen zuwenden, die an seiner Gefangenschaft schuld waren. Vor der fürstlichen Gesellschaft tat er in einen Schmelztiegel Kupfer, in einen anderen Blei. Beide stellte er in den Schmelzofen. Als die Metalle geschmolzen waren, fügte er, wie schon früher, eine geheimnisvolle Tinktur hinzu und wartete, bis sich die Stoffe verbanden. Als schließlich die Tiegel herausgenommen wurden, stellte sich heraus, daß sich das Kupfer in Silber und das Blei in Gold verwandelt hatte. Ein weiteres Mal war Böttger mit einem geschickten Taschenspielertrick dem Beil des Scharfrichters entgangen.

Doch die Anspannungen, zu denen das Gefangenenleben unter diesem ständigen Druck führte, forderten ihren Tribut. Böttgers Vorliebe für Alkohol hatte zu irreparablen körperlichen Schäden geführt. Zeitgenössischen Berichten ist zu entnehmen, daß kaum ein Tag verging, an dem Böttger nicht betrunken war. Sein Augenlicht ließ nach, wahrscheinlich eine Folge seiner Versuche mit den Brenngläsern von Tschirnhaus. Am meisten aber dürften die Dämpfe der Chemikalien – Arsen und Quecksilber waren selbstverständliche Ingredienzen der Goldmacherkunst – seine Lungen geschädigt haben. Dr. Bartholmäi verabreichte ihm immer wieder Arzneien. Doch sie halfen kaum. Anfang 1714 erkrankte Böttger ernsthaft. Zu den Symptomen zählten epileptische Anfälle und verzehrendes Fieber, und Depressionsschübe steigerten seine geistige Labilität.

Als der Kurfürst davon hörte, zeigte er Erbarmen mit dem Elend Böttgers. Am 19. April 1714 erhielt Böttger nach mehr als zwölfjähriger Haft in Dresden seine Freiheit zurück unter der Bedingung, daß er für den Rest seines Lebens Sachsen nicht verlasse und sich weiterhin bemühe, Gold zu machen. Böttger war inzwischen 32 Jahre alt. Seine Krankheit hielt ihn aber viel härter und wirksamer fest als der Kurfürst in den zurückliegenden Jahren. Als er daher hörte, er sei ein freier Mann, brach er wie rasend in lautes Gelächter aus.

Böttgers Alltag wird sich nur wenig geändert haben. Doch als er sich von seiner Krankheit erholt hatte, gewährte ihm die neu erlangte Freiheit das eine oder andere Vergnügen, auf das er so lange hatte verzichten müssen. Nach Stiefvater Tiemanns Tod 1713 holte Böttger seine Mutter, seine jüngere Schwester und seinen Stiefbruder nach Dresden. 1716 heirateten die Schwester und sein Freund Steinbrück.

Als Staatsgefangener hatte Böttger wohl kaum ein Privatleben gehabt, auch keine Möglichkeit, Liebesbeziehungen zu knüpfen, ein Umstand, der seine Lage noch verschlimmert haben dürfte. Ein früher Biograph berichtet, daß Böttger wie ein Adliger mehrere Mätressen haben durfte. Doch gibt es dafür keine konkreten Beweise. Allerdings scheint seine Haushälterin, Christine Elisabeth

Klunger, mehrere Jahre lang seine Geliebte gewesen zu sein, offenbar keine besonders glückliche Verbindung. Steinbrück berichtet, daß sie Böttgers Vertrauen weidlich ausgenutzt habe. Erfolglos hat sie ihn bedrängt, sie zu heiraten.

Des Kurfürsten lange erwartete Geste hat Böttgers Sorgen um den Weiterbestand der Manufaktur nicht zerstreuen können. Denn trotz seiner beeindruckenden Vorschläge drei Jahre zuvor blieb die Verbesserung der finanziellen Situation der Fabrik so flüchtig wie des Kurfürsten Vorliebe für seine verschiedenen Mätressen. Dieser steckte in Geldnöten und sah sich nun gezwungen, die Manufaktur mit Geldern zu finanzieren, die er sich bei Privatbankiers auslieh. Als er seine Schulden, wie die Bankiers erwartet hatten, in Gold zurückzahlen sollte, beschloß August, statt dessen seine Schulden mit Porzellan, dem wertvollen weißen Gold, zu begleichen. Zwar war das Porzellan aus der sächsischen Manufaktur hoch angesehen, aber die wirtschaftlich denkenden Bankiers Dresdens hielten das für ein schlechtes Geschäft und stoppten die weiteren Zahlungen, bis die Angelegenheit zu ihrer Zufriedenheit geklärt war.

Spätestens 1715 hatte in Dresden ein neuer eleganter Laden aufgemacht, in dem die damalige Schickeria nach erlesenen Porzellanwaren stöbern konnte. Der Umsatz stieg, ebenso die Produkion der Manufaktur. Doch die Zeichen standen auf Sturm. Die Arbeiter der Manufaktur hatten seit vier Monaten keinen Lohn mehr erhalten. Jedermann wußte, daß weder die Staatskasse noch die Privatbankiers die Kosten übernehmen wollten, und der Kurfürst, wieder einmal in Warschau, war nicht zu erreichen.

Die Handwerker waren so verzweifelt, daß sie die Arbeit niederlegten und in das Kontor der Albrechtsburg eindrangen. Sie würden, so sagten sie, nicht eher an die Arbeit zurückkehren, bis ihre Forderungen ordnungsgemäß erfüllt seien. Abermals war die Produktion gefährdet.

Diese ausweglose Situation verlangte nach ungewöhnlichen Maßnahmen. Böttger hatte sich vorübergehend von seiner Krankheit erholt und wollte nun alles für den Weiterbestand der Manufaktur tun. Es war unvorstellbar, daß alles, wofür er gearbeitet hatte, verlorengehen sollte, nur weil kein Geld da war, das der Kurfürst sonst ohne weiteres für sich und seine Mätressen verschwendete. Er entschloß sich zu einer recht dramatischen Vorgehensweise.

Er lieh sich Geld und nahm sich einen Dresdener Anwalt, Vollhardt, den er an den Hof in Warschau schickte. Der sollte den König um die dringend benötigte finanzielle Unterstützung bitten. Böttger konnte sich nicht vorstellen, daß ein derart aufwendiges Unternehmen kein Aufsehen erregen würde. Doch der vergnügungssüchtige August hatte andere Dinge im Kopf und verweigerte Böttgers Abgesandten eine Audienz. Vollhardt wartete am Hof fast zwei Jahre, ohne vorgelassen zu werden. Schließlich kehrte er unverrichteterdinge nach Dresden zurück.

Währenddessen hatte Böttger unschlüssig in Dresden ausgeharrt. Als seine Gläubiger die Rückzahlung des geliehenen Geldes verlangten, mußte er seine wertvollen Möbel versetzen und weiteres Geld zu noch höheren Zinsen aufnehmen. Das geschah in der unverständlichen Annahme, es handele sich nur um eine kleine Verzögerung, bis das Geld von August endlich eintreffe. Schließlich gab es nichts mehr zu versetzen, niemanden, bei dem er Geld leihen konnte, seine Mittel waren erschöpft. Da Böttger zahlungsunfähig war, brachten seine Gläubiger den Fall vor Gericht. Böttger wurde verurteilt und mit Schimpf in Schuldhaft genommen.

Die Nachrichten, daß der Administrator der Manufaktur wegen Schulden für seinen Betrieb im Gefängnis saß, gelangten an den Hof in Polen und kamen schließlich August zu Ohren. Der war empört, verlangte Böttgers Freilassung und versprach, für alle Schulden aufzukommen. Böttger kam also wieder frei; doch trotz der großzügigen Geste Augusts änderte sich kaum etwas. Der Kurfürst von Sachsen und König von Polen dachte gar nicht daran, sein Versprechen zu halten. Der Leibarzt Bartholmäi bekam jahrelang überhaupt kein Honorar. Schließlich erhielt er als Entgelt Vasen, Teetassen und Teedosen aus Porzellan. Und wer mit Porzellan bezahlt wurde, konnte sich glücklich schätzen, viele gingen leer aus. Böttger erhielt niemals alles Geld, das er schuldig war. Augusts Reaktion auf das Drama erschöpfte sich vor allem darin, daß er die Kommission wiederholt aufforderte, die Angelegenheit endlich in Ordnung zu bringen.

In den folgenden Jahren wirkten sich Böttgers körperliche Gebrechlichkeit und schlechte Gemütsverfassung immer stärker auf die Leitung der Manufaktur aus. Sogar sein Freund und Schwager, Inspektor Steinbrück, beschwerte sich jetzt bei der Kommission, daß die Manufaktur unter der Unzuverlässigkeit Böttgers zu leiden habe. Vielleicht sah Böttger ein, daß in dieser Kritik ein Körnchen Wahrheit steckte, oder er hatte kaum noch Kraft, sich mit seinem alten Freund auseinanderzusetzen. Jedenfalls verteidigte er sich nicht mit aller Macht, wie er es noch 1711 getan hatte, sondern räumte kleinlaut ein, daß »wegen zugestoßener Krankheit verschiedene Mängel und Gebrechen sich in der Manufaktur eingeschlichen hätten«.

Daraufhin gab er inoffiziell die Leitung der Manufaktur

ab. Steinbrück mußte seine Funktion als Inspektor in Meißen aufgeben und schaute nun in Dresden nach dem Rechten. Böttger schloß sich in sein Laboratorium ein, versenkte sich in seine Experimente mit Farben und wandte sich wieder der Goldmacherkunst zu.

Genie, heißt es, sei nur die Gabe, mehr Geduld zu haben. Böttgers Beharrlichkeit, die zu seinen frühen Entdeckungen geführt hatte, ließ nun allmählich nach. Nur unregelmäßig beschäftigte er sich mit der Transmutation und damit, wie das Unterglasurblau zu erreichen sei. Auch letzteres gelang ihm nicht, wahrscheinlich weil er zu krank war.

Doch seinen Einfallsreichtum hatte er noch nicht gänzlich verloren. Bescheidene Erfolge erzielte er bei farbigen Glasflüssen und bei der Vergoldung. Zwischen sporadischen Krankheitsphasen entwickelte er eine Methode, Goldpulver einzubrennen. Solche Verzierungen wurden weit weniger abgenutzt, und sie strahlten stärker als die kalt aufgetragenen der frühen Stücke. Erfolgreich war er auch beim Einbrennen von Silberornamenten, und er entwickelte einen wunderbaren rosa Schmelz, mit dem man monochrome Dekore malen oder das Innere von Tassen und Teeschalen ausmalen konnte. Er erfand matt gefärbte Glasuren, darunter eine von tiefem Grün und eine dunkelrote; aber sie waren weit von der brillanten Reinheit entfernt, die ihm wohl vorgeschwebt hatte.

Auch in anderen Bereichen hatte Böttger technische Fortschritte gemacht. Bei der Glasherstellung war ihm einst Rubinglas gelungen, eine begehrte Rarität, die erstmals von Kunckel im 17. Jahrhundert entwickelt worden war. Böttger hatte Glas mit Goldstaub verschmolzen, wodurch die einzigartige Farbe entstanden war. Sehr wahrscheinlich waren die erlesenen Gefäße aus Rubinglas, die der Kurfürst in seiner Schatzkammer stolz zur Schau stellte, Nebenprodukte von Böttgers Forschungsarbeiten mit Glasfluß und Schmelzen. Aber noch war keine Rezeptur für Unterglasurblau in Sicht. Augusts Ungeduld wurde immer größer.

Bei seinen Besuchen im Schloß Charlottenburg hatte der Kurfürst voller Neid die unschätzbare Sammlung von Porzellanvasen gesehen, die Friedrich I. zusammengetragen hatte. Der preußische König starb 1713. Sein Nachfolger, Friedrich Wilhelm I., war ein puritanischer und militaristischer Fürst, der lieber »lange Kerls« für sein Garderegiment als Porzellan sammelte. Unter seiner Herrschaft verdoppelte sich das preußische Heer zu einer todbringenden Streitmacht von 83 000 Mann. August schickte Unterhändler, die prüfen sollten, ob Friedrich Wilhelm die Sammlung vielleicht verkaufen würde. Nach langwierigen Verhandlungen wurde man handelseinig. Für die Vasen und weitere 100 Stücke aus Porzellan sollte Friedrich Wilhelm 600 Dragoner aus den sächsischen Reiterregimentern erhalten. Die Soldaten, fast Leibeigene, wurden zu dem Handel nicht gehört.

Am 19. April 1717 wurde bei Jüterbog ein Regiment von 600 Männern aus Polen, Rußland, Böhmen und Schlesien, die sich für die Armee Augusts des Starken hatten anwerben lassen, als Kaufpreis übergeben. Dann begaben sich sächsische Beamte nach Charlottenburg, wo sie 18 große und 7 kleinere Vasen, 5 Becher, 20 farbige Teller, 37 große Schüsseln, 16 blauweiße Teller, 24 blauweiße Schalen – insgesamt 127 Stücke – sorgfältig verpackten und nach Dresden sandten, wo sie vom Kurfürsten ungeduldig erwartet wurden. Die 18 »Dragonervasen« und vieles mehr aus der ehemals preußischen Sammlung können noch heute in Dresden besichtigt werden.

Die Freude Augusts über diese Erwerbung vergrößerte noch seine Enttäuschung über Böttger, denn die »Dragonervasen« zeigten in vollendeter Perfektion das Unterglasurblau. Die Produkte der Manufaktur konnten sich daran, trotz des Versprechens Böttgers, nicht messen lassen.

Böttger spürte die Unzufriedenheit des Kurfürsten und fühlte sich wegen seines Mißerfolgs ein weiteres Mal gedemütigt. Er schrieb an August, um die Schwierigkeiten zu erläutern und um Geduld zu erbitten: »Wer weiß, wie lange Indien [gemeint ist China] porcellain verfertigt hat, ehe es unß die schönen Stücke, so Ihro Majst. in dero Palaste zu Alt-Dreßden haben, liefern können?«

Der Kurfürst setzte daraufhin eine Belohnung von 1000 Talern für denjenigen aus, der die Technik des Unterglasurblaus entdeckte. Auch andere, die das Geld lockte, beteiligten sich an der Suche. Unter ihnen waren Samuel Stöltzel und David Köhler. Beide hatten 1705 zu den ersten Mitarbeitern Böttgers in Meißen gehört.

Köhler war ein ziemlich verschlossener, aber begabter Massebereiter. Seine Ablehnung, mit Stöltzel zusammenzuarbeiten, hat die Suche nach einem Verfahren für Unterglasurblaudekoration verlangsamt. Nichtsdestoweniger führte sein Einsatz zu einem ersten Erfolg. 1717 brannte er ein Stück, das mit einem blauen Farbdekor verziert war. Das Farbpigment überstand den Brand. Doch vielleicht war es nur ein Glücksfall. Denn entweder konnte er das Blau nicht noch einmal erzielen, oder er war mit dem Ergebnis nicht zufrieden. Jedenfalls hat er zwei Jahre lang seinen Anspruch nicht angemeldet, bis Stöltzel verlautbarte, daß auch er eine Rolle bei der Entwicklung des Verfahrens gespielt habe und ihm daher ein Teil der Belohnung zustehe.

Tatsächlich paßte es dem Kurfürsten ganz und gar nicht,

an die Belohung erinnert zu werden, die er ausgesetzt hatte. Er wollte das Geld einfach nicht herausrücken. Die Kontroverse der beiden Männer schien ihm der ideale Vorwand, sich seiner Verpflichtung zu entziehen. Er ignorierte sein früheres Angebot und versprach beiden eine »angemessene Belohnung«, wenn sie ihre Kenntnisse austauschten und ihre Arbeit gemeinsam fortsetzten. Für den wortkargen Köhler kam das nicht in Frage. Keiner von beiden erhielt daher die ausgesetzten 1000 Taler.

Das Unglück anderer hat stets Opportunisten angezogen. Als Böttgers Gesundheit immer schwächer wurde, erhofften sich gewissenlose Mitarbeiter bequeme Nebeneinkünfte. Von diesen heimtückischen Gesellen waren vor allem Johann Georg Mehlhorn und Gottfried Meerheim gefährlich. Sie gaben sich als Freunde Böttgers aus und waren zum engsten Kreis vorgedrungen. Sie umgarnten ihn derart, daß er ihnen völlig vertraute. Doch sie sollten ihn bei der ersten Gelegenheit betrügen.

Der gelernte Kunsttischler Mehlhorn gab seinen Beruf auf, als er sah, daß man mit Porzellan mehr Geld verdienen konnte. Er war ein Erzgauner, der weder lesen noch schreiben konnte. Böttger machte er weis, daß er ein erfahrener Dekorationsmaler sei und das Unterglasurproblem lösen könne. Darauf weihte Böttger ihn in seine bisherigen Arbeiten ein. Zu spät merkte Böttger, daß Mehlhorn gar nichts dazu beitragen konnte und in Wirklichkeit auch nichts davon verstand. Doch der Schaden war nun mal entstanden. Mehlhorn hatte so viel in Erfahrung gebracht, daß er so tun konnte, als habe ihm der betrunkene Böttger in die Geheimnisse der Porzellanherstellung eingeweiht. Wie es Mehlhorn erwartet hatte, fürchtete das Direktorium, solche Kenntnisse könnten an die Konkurrenz verkauft werden, und ließ sich von ihm beschwatzen, ihn zum Vizeinspektor der Manufaktur zu machen – mit einem Einkommen von 300 Talern jährlich. Schließlich kam seine Doppelzüngigkeit doch noch zu vollem Einsatz, als er Samuel Kempe nachspionieren sollte, der in Preußen einen Konkurrenzbetrieb ins Leben gerufen hatte.

Auch Meerheim war ein gewissenloser Betrüger. Er gab sich als Metallurge aus und arbeitete mit Böttger zusammen bei der Suche nach einer Technik, mit der man das Unterglasurblau erreichen konnte. Meerheim schlich sich in Böttgers Vertrauen, so daß der ihn als seinen Nachfolger vorschlug. Doch bald gerieten die beiden in Streit und beendeten die Zusammenarbeit. Meerheim konnte die Kommission ebenfalls davon überzeugen, daß er so viel wisse, daß die Manufaktur Schaden nehmen könne. Und so strich auch er ein stattliches Salär ein.

Währenddessen renommierte August weiterhin mit den Schaustücken seiner Manufaktur. Sie dienten ihm als fürstliche Geschenke, die die technische und die künstlerische Überlegenheit seines Landes und damit die Bedeutung seiner Person unterstrichen. Doch je mehr er die Erfolgsgeschichte seines Porzellans hinausposaunte, um so entschlossener waren seine politischen Gegner überall in Europa, die Seifenblase seiner Selbstgefälligkeit zum Platzen zu bringen und am wirtschaftlichen Erfolg teilzuhaben. Zunächst aber mußten sie sich in den Besitz des Geheimnisses bringen.

Meißens Monopol auf die Herstellung echten europäischen Porzellans geriet durch ein Flut von Spitzeln und Bauernfängern in wachsende Gefahr. Das Problem, wie das Arkanum zu schützen sei, war nie drängender als zu jener Zeit, da Böttger krank war.

Das Dilemma bestand darin, so sahen es alle, daß Böttger das Verfahren der Porzellanherstellung anderen mitteilen mußte, wenn die Zukunft der Manufaktur gesichert sein sollte. Doch wer sollte eingeweiht werden? Und wie? Jeder, der ins Vertrauen gezogen wurde, übte natürlich eine magnetische Anziehungskraft auf Spione aus, die in wachsender Zahl nach Meißen strömten.

Das Arkanum war nicht nur das Wissen um die Zusammensetzung der Grundsubstanz, es schloß auch die Kenntnis des Brennverfahrens, der Mischung der Glasuren und der Formel für den Glasfluß ein. Am besten war es wohl, einzelne vertrauenswürdige Mitarbeiter in Teilbereichen einzuweisen. Außer Böttger würde dann niemand den ganzen Herstellungsprozeß kennen.

Zunächst wurden zwei Männer ins Vertrauen gezogen, die bereits 1711 zu »Arkanisten« ernannt worden waren: Dr. Heinrich Wilhelm Nehmitz, ein Chemiker und Bruder von Böttgers Gegner Michael Nehmitz und Dr. Jacob Bartholmäi. Heinrich Wilhelm Nehmitz wurde in das Geheimnis der Glasurherstellung eingeweiht. Bartholmäi, seit langem mit vielen Geheimnissen um Böttgers Erfindungen vertraut, erhielt nun offiziell Kenntnis von der Aufbereitung der Masse. Stolz schrieb er, daß er im ersten Jahr, 1708, solche Fähigkeiten erworben habe, daß die Stücke, die er selbst gemacht, gut zum Verkauf angeboten werden könnten.

Trotz der Beteuerung Böttgers, »aber hier sind meine Leuthe, die alles wißen und gesehen haben, wie es tractiret wird, ich behalte nichts zurück«, befürchtete der Kurfürst, daß Böttger absichtlich wichtige Einzelheiten zurückhalte, um seine eigene Stellung abzusichern, oder daß es einem Spitzel irgendwie gelingen könne, sich in den Besitz schriftlicher Unterlagen zu bringen. Er ließ daher Bartholmäi wissen: »[…] hat er alles, was ihm Johann Friedrich Böttger übergebe, in dergleichen characteres [Schriftzeichen] zu transponieren, welche zu déchifrieren niemand als capable [fähig] sein möge […]«.

An den schlechten Arbeitsbedingungen und den unregelmäßigen Lohnzahlungen änderte sich wenig. Die Unzufriedenheit der Arbeiter und die ständigen Abwerbungsversuche bildeten eine explosive Mischung. 1718 wurde Peter Eggebrecht, der Pächter der Dresdner Fayencefabrik, von Peter dem Großen angeworben, um in Rußland eine Porzellanmanufaktur wie in Meißen zu errichten. Daraus wurde aber nichts, wahrscheinlich wußte Eggebrecht zuwenig von der Porzellanherstellung. Darauf schickte der Zar einen russischen Spion nach Meißen. Doch der hatte auch keinen Erfolg und mußte mit leeren Händen zurückkehren.

Weiter reichende Folgen hatte die Abwerbung Christoph Conrad Hungers im Jahr 1717. Der erfahrene Emailleur und Vergolder wurde vom österreichischen Kriegskommissar Claudius Innocentius du Paquier, der unbedingt eine konkurrierende Porzellanmanufaktur aufmachen wollte, überredet, nach Wien zu gehen. Da er die Eigenschaften von Gold gut kannte, war es ihm gelungen, Böttgers Vertrauen zu gewinnen. Auch er behauptete, daß ihm Böttger im Rausch das Geheimnis, das Arkanum, mitgeteilt habe. Als du Paquier ihm ein hohes Gehalt anbot und die Teilhaberschaft an der neuen Fabrik in Aussicht stellte, war das natürlich zu verlockend, um abzusagen.

Aber wie bei so vielen anderen stellte sich auch Hungers Behauptung, er könne Porzellan machen, als falsch heraus. Denn alle Brennversuche schlugen fehl. Hunger wußte zwar, daß das Problem in der Beschaffenheit der Tone lag, die einmal für den Masseversatz, zum anderen für die

Brennöfen verwendet wurden, aber er konnte es nicht richtig lösen. Daher bemühte er sich, andere Meißner Arbeiter, die die richtige Zusammensetzung kannten und die Brennverfahren beherrschten, zur Zusammenarbeit zu gewinnen.

Hunger nahm Kontakt zu dem zwielichtigen Mehlhorn auf, bot ihm an, ihn am Gewinn zu beteiligen plus 100 Taler als Reisekosten, wenn er nach Wien komme, um mit ihm in der neuen Manufaktur zusammenzuarbeiten. Mehlhorn antwortete zunächst zustimmend. Vielleicht bedachte er aber, daß sein Wissen nicht ausreiche oder daß das Direktorium schon gut für ihn gesorgt habe – jedenfalls steckte er die Reisespesen ein, blieb aber in Meißen. Wenigstens diesmal hatte Wien kein Glück.

II Die Rivalen

Johann Gregor Höroldt
(Radierung, 1726)

1. Abenddämmerung

O verfluchte Gier nach Gold! Deinetwegen
Interessiert der Tor sich nicht für beide Welten;
Zuerst verhungert er in dieser, dann ist er
verdammt in jener.

Robert Blair, *The Grave*, 1743

Geistig-seelische Störungen, quälende Schmerzen und
verzweifeltes Experimentieren charakterisieren das
letzte, traurige Lebensjahr Böttgers. Der Kurfürst gab seine Hoffnung nicht auf, daß Böttger doch noch Gold machen könne, und setzte ihm weiter zu, seinem Wachtraum
nachzujagen. Böttgers Gesundheitszustand wurde immer
schlechter. Verzweifelt wollte er sich vor August endlich
bewähren und verrührte in seinem düsteren Laboratorium
wie wahnsinnig seine geheimnisvollen Pülverchen und
Tinkturen. Allen, die ihn kannten, war seit langem klar,
daß sein Verstand nicht mehr der jenes analytischen Ge-
nies war, das die früheren großen Entdeckungen gemacht
hatte. Es war erschütternd zu beobachten, wie ihn die
Furcht vor Spitzeln plagte. Die Ergebnisse seiner letzten
seltsamen Versuche kritzelte er in einem gewundenen unverständlichen Kauderwelsch nieder, das nur er selbst enträtseln konnte.

Die aussichtslose und obsessive Suche ging weiter, bis
Böttger schließlich, zu schwach, um seine Schlafkammer
zu verlassen, einsehen mußte, daß er dem Kurfürsten das
Arkanum für Gold niemals übergeben würde. Anfang 1719
begann das Endstadium der Krankheit, ein »verzehrendes
Fieber«. Zeuge war der getreue Steinbrück, der den 37 Jah-

re alten Böttger täglich besuchte. Anfang März kam es wieder zu schweren Krampfanfällen, die zunächst mit Schlangengift gemildert wurden. Eine Woche später versagte sogar diese Behandlung.

Am 13. März 1719, gegen sechs Uhr abends, als sich die Strahlen der untergehenden Sonne in den Wellen der Elbe brachen, starb der Erfinder des europäischen Porzellans. Neun Stunden hatte sein Todeskampf gedauert. Zehn Tage später wurde er in aller Stille auf dem Alten Johannisfriedhof in Dresden beigesetzt. Nur wenige Trauergäste folgten dem Sarg. Der Kurfürst, mitverantwortlich für Böttgers frühen Tod, war nicht unter ihnen. Der Friedhof wurde 1862 abgetragen. Heute erinnert eine Gedenkstele auf der Brühlschen Terrasse, der ehemaligen Jungfernbastei, an den großen Mann. Sie wurde 1982 zum 300. Geburtstag Böttgers errichtet.

Die letzten fünf Jahre seines Lebens war Böttger offiziell ein freier Mann gewesen. Doch der Einfluß Augusts und der Manufaktur reichte über das Grab hinaus. Sobald der Leichnam aus der Wohnung gebracht worden war, wurden die Räume versiegelt, bis alle Papiere und Notizbücher von Beamten des Kurfürsten in Beschlag genommen waren. In der Manufaktur war man nämlich der Ansicht, daß sich unter Böttgers Habe auch Aufzeichnungen zur letzten Entwicklung der Herstellung von Porzellan, Glasuren und Schmelzfarben befänden. Aber nach genauer Prüfung der Unterlagen hat man nichts Brauchbares gefunden. Tatsächlich hatte Böttger einige Geheimnisse mit ins Grab genommen. Daß seine letzten Entdeckungen überliefert worden sind, liegt paradoxerweise an seinem Mangel an Verschwiegenheit.

Der volle Umfang seiner Geldprobleme stellte sich erst nach seinem Tod heraus. Seine Schulden inklusive jener, die er als Administrator der Manufaktur gemacht hatte, beliefen sich auf mehr als 20 000 Taler; sein Vermögen betrug lächerliche 700 Taler. Augusts Versprechen, für Böttgers Verpflichtungen aufzukommen, die er für die Manufaktur eingegangen war, war seit langem praktisch vergessen. Böttgers bescheidene und unregelmäßige Bezahlung war, gemessen an seinem Hang zu luxuriösem Leben, völlig unzureichend, um auch noch die riesigen Außenstände zu begleichen. Die Wertsachen waren entweder verpfändet oder unveräußerlich; sogar seine ausgefallenen Möbel und die Silberteller seiner vornehmen Mahlzeiten waren geliehen oder nicht bezahlt.

Der großartige Erfinder, seiner Freiheit beraubt und gezwungen, seine ganze Arbeit einer Erfindung zu widmen, die dem Kurfürsten gleichermaßen Gold und Ansehen verschaffte, und zwar mehr, als dieser jemals in seinen kühnsten Vorstellungen erwartet hatte, war tatsächlich ein armer Teufel gewesen.

Wir kennen nicht die Reaktion Augusts, als er vom Tod Böttgers gehört hat. Briefen und Berichten aber kann man entnehmen, daß er nach Jahren der Enttäuschung und der Erfolge, eine echte, wenn auch nur selten erkennbare Zuneigung zu seinem brillanten Arkanisten gefaßt hatte.

Böttger hatte ihm nicht das Arkanum für Gold beschaffen können. Und auch ein anderer Alchimist hatte versagt: Hector von Klettenberg, der seit 1713 in seinen Diensten stand. Als Böttger starb, war Augusts Geduld mit seinem anderen Protegé zu Ende. Klettenberg hatte nicht nur in der Goldmacherkunst versagt, sondern er besaß auch keine anderen Fertigkeiten, die ihn hätten retten können. Zwei Monate nach Böttgers Tod wurde er in der Festung Königstein eingekerkert, zwölf Monate später enthauptet.

Langsam fand sich der Kurfürst mit Böttgers Verlust ab und dachte darüber nach, wer die Manufaktur künftig leiten sollte. Da schlug die Nachricht aus Meißen wie eine Bombe ein: Schlüsselfigur nach Wien abgeworben. August konnte nicht ahnen, daß die Ereignisse in Wien sein drängendstes Problem lösen würden, nämlich einen Nachfolger für Böttger zu finden.

Wie Dresden war auch Wien eine schnell aufblühende Stadt, denn die Habsburger konnten militärische und politische Erfolge verzeichnen. Nachdem Österreich als Sieger aus den Türkenkriegen hervorgegangen war, hatte sich die ehemals schmuddelige und unauffällige Hauptstadt in eine strahlende Metropole verwandelt, berühmt für ihre prächtigen Barockschlösser, ihre wundervolle Musik, ihr Theater und ihre Oper – und die Wiener Gesellschaft war begierig auf jeden Luxus. Thomas Nugent schrieb im 18. Jahrhundert begeistert: »Nirgendwo leben die Menschen luxuriöser als in Wien. Der Hauptzeitvertreib besteht aus Banketten und Zechgelagen, bei welchen Gelegenheiten ihnen Wein und Speisen bester Qualität vorgesetzt werden. Reiche Leute lassen achtzehn oder zwanzig verschiedene Weinsorten auftragen. Ein Billett an jedem Platz führt die Weine auf, die bestellt werden können. Vor allem am Hofe kann man die größte Verschwendung und Prachtentfaltung beobachten. Die Bediensteten, die unter der Last ihrer Livreen fast zusammenbrechen, sind mit Gold und Silber herausgeputzt.«

In dieser Stadt wollte Claudius Innocentius du Paquier, ein Hofbeamter holländischer Abstammung, sein Glück mit der Porzellanherstellung versuchen. Der französische Name, sein lebhaftes Temperament, seine unternehmerischen und kreativen Neigungen verweisen vielleicht auf hugenottische Vorfahren. Doch ist wenig über seinen familiären Hintergrund bekannt. Fest steht nur, daß er ein kluger Kopf mit großer Begeisterungsfähigkeit, unbeugsamem Willen und einem guten Gespür für günstige Gelegenheiten war.

Wie August der Starke und die meisten anderen Fürsten Mitteleuropas trat auch Kaiser Karl VI. für eine Handelspolitik ein, die sich am französischen Vorbild orientierte. Neuen Wirtschaftsunternehmen wurden in der Hauptstadt des Heiligen Römischen Reiches Deutscher Nation günstige Bedingungen geboten. Und zweifellos rechnete auch du Paquier für sein Geschäft mit Förderung durch den Hof. Eine solche verfeinerte und reiche Welt, wird er sich gedacht haben, muß ein guter Markt für neuartige Luxusartikel sein. Als Hofbeamter kannte er alle wichtigen Handelsentwicklungen in Mitteleuropa. Als er vor einigen Jahren davon gehört hatte, daß in Meißen die Porzellanherstellung entdeckt worden war, begriff er sofort, daß dies eine sehr günstige Gelegenheit war. Nach dem weißen Gold verlangte ganz Europa. Und nur in Meißen war seine Herstellung bekannt – bis jetzt! Warum sollte eine Wiener Porzellanmanufaktur nicht Meißen schnell in den Schatten stellen? Das wäre ein Bravourstück und würde nicht nur alle Beteiligten unglaublich reich machen, sondern auch die Vormachtstellung der Habsburger in Europa festigen. Doch alles hing vom Arkanum für Porzellan ab.

Du Paquier hatte die Schriften von Père François Xavier d'Entrecolles studiert. Der Jesuit und Missionar hatte 1698 Zentralchina besucht. In zwei Berichten hatte er den Fertigungsprozeß von ostasiatischem Porzellan beschrieben, so wie er ihn verstanden hatte. Seine erste Publikation erschien 1717 in Paris. Sie war die ausführlichste und genaueste Beschreibung der fernöstlichen Porzellanherstellung, die es bis dahin in Europa gab.

Also hoffte du Paquier, daß der einheimische Ton ebenso weiß gebrannt werden könne wie jener, den d'Entrecolles bei der chinesischen Porzellanherstellung beschrieben hatte. Doch auch nach genauer Lektüre und zahlreichen gewissenhaften Versuchen war das Ergebnis trostlos.

Du Paquier sah ein, daß er technische Unterstützung brauchte, die es nur in Meißen gab. Wahrscheinlich unternahm er als erstes eine Erkundungsreise in die sächsische Stadt. Vielleicht wurde er von Augusts eindrucksvollen Sicherheitsvorkehrungen entmutigt. Jedenfalls wandte er sich an den kaiserlichen Gesandten am Dresdener Hof, den Grafen von Virmont, mit der Bitte, ihm jemanden zu nennen, der ihm bei dem neuen Unternehmen helfen könne. Der Graf machte ihn auf Christoph Conrad Hunger aufmerksam, der, als Goldschmied ausgebildet, 1717 von Paris nach Dresden gekommen war.

Abgesehen von seiner mangelnden technischen Sachkenntnis, lag das Hauptproblem du Paquiers darin, daß er kein Geld hatte. Die Manufaktur in Meißen erhielt ja immerhin hin und wieder Finanzmittel aus der Staatskasse für Löhne und technische Ausrüstung. Doch du Paquier erhielt von Karl VI. gar nichts außer dem vagen Versprechen, daß der Kaiser die Manufaktur großzügig unterstützen werde – sobald sie etwas liefere, was er erwerben könne. Als wolle er seine Entschlossenheit noch unterstreichen, sich nicht finanziell zu beteiligen, unterzeichnete der Kaiser im Mai 1718 ein »Spezialprivilegium«, in dem du Paquier für 25 Jahre das alleinige Recht zugesichert wurde, innerhalb der österreichischen Erblande echtes Porzellan herzustellen. Darin hieß es aber auch, daß das Unternehmen weder vom Kaiser noch aus der Staatskasse Geld erhalten werde.

Du Paquier mußte also anderweitig nach Geldmitteln

für sein Geschäft Ausschau halten. Er fand sie bei Martin Becker, einem Wiener Kaufmann, der wohl von du Paquiers leidenschaftlicher Begeisterung angesteckt worden war. Becker räumte ihm einen großzügigen Kredit ein, damit die Kosten für die Anfangsversuche und die erste Produktion beglichen werden konnten. Dafür sollte er am Geschäft beteiligt sein. Weitere Partner waren Peter Heinrich Zerder, ein Regierungsbeamter, der wahrscheinlich auch die Monopolstellung sichern sollte, und Hunger, der sogenannte Arkanist.

Anders als die Manufaktur in Meißen wurde die in Wien ohne Pomp und Feierlichkeiten gegründet, noch bevor ein einziges Stück Porzellan hergestellt worden war.

Zunächst war die Manufaktur in einem bescheidenen Haus im Vorort Roßau untergebracht, in der heutigen Liechtensteinstraße. Der einzige Brennofen war schadhaft; zehn Leute arbeiteten dort. Als Hunger eintraf, wurde Ton aus Passau verwendet. Er hatte tatsächlich wenig Ahnung von der Massebereitung und hatte sich wohl der Ansicht du Paquiers angeschlossen, daß dieser Ton dieselben Eigenschaften habe wie jener, der in Meißen erfolgreich verarbeitet wurde, nämlich weiß zu brennen. Vielleicht wegen falscher Brenntemperatur stellte sich der Ton aus Passau als unbrauchbar heraus, und Hungers wiederholte Versuche, eine gute Glasur zu erreichen und Porzellan zu brennen, schlugen regelmäßig fehl.

Als er merkte, daß er seine Versprechungen, die er du Paquier gemacht hatte, nicht halten konnte, beschwerte er sich über den schlechten Ton, der nicht geeignet sei für das Unterglasurblau, das er entwickelt haben wollte. Mehr als ein Jahr kostspieliger Versuche und endloser enttäuschender Mißerfolge war verstrichen, und noch immer gab es keine Aussichten auf irgendeinen Fortschritt. Da mußte du

Paquier einräumen, daß sein Einsatz für Hunger unbesonnen gewesen war, um das mindeste zu sagen. Denn der Arkanist aus Meißen hatte nichts als einen Haufen Scherben produziert.

Währenddessen stiegen die Kosten, doch kein Geld wurde verdient. Ohne fachmännische Sachkenntnis mußte du Paquiers Fabrik scheitern, noch ehe sie die Produktion aufgenommen hatte.

Wieder richtete er seine Aufmerksamkeit auf die erfahrenen Handwerker in Meißen. Die Schlüsselfigur war zweifellos Böttger, der Erfinder des europäischen Porzellans. Doch Böttger war schwer krank. Außerdem war Böttger schon zu lange dem Kurfürsten treu ergeben, als daß sein Wechsel nach Wien ernsthaft in Erwägung gezogen werden konnte. Als nächstes nahm du Paquier Böttgers Familie unter die Lupe. Steinbrück, der Inspektor der Manufaktur und Böttgers Schwager, galt als zuverlässig und unbestechlich. Da hatte Tiemann, der Stiefbruder Böttgers, schon einen schlechteren Ruf. Er war nach dem Tod seines Vaters zusammen mit seiner Mutter und seiner Schwester nach Dresden gekommen und geriet wegen seines ungestümen Verhaltens wiederholt in Schwierigkeiten und bereitete Böttger ständig Sorgen.

Tiemann hegte heimlich Groll gegen seinen erfolgreichen Stiefbruder, der in der Gunst des Kurfürsten stand. Zwar ist nicht überliefert, daß er mit Böttger zusammengearbeitet hat, aber in der Familie hat er wohl gewisse Grundkenntnisse des Brennverfahrens erworben. Außerdem lernte er Böttgers engeren Freundeskreis kennen, auch den skrupellosen Mehlhorn. Als er mit du Paquier bekannt wurde, zögerte er keinen Moment. Der Treuebruch Tiemanns am nunmehr hoffnungslos kranken Böttger geschah mit beispielloser Gefühlskälte. Mit Mehlhorns Hilfe fertigte er Pläne und ein Modell aus Pappmaché eines Brennofens der Albrechtsburg an und sandte sie nach Wien. Dort wurde die Ofenkonstruktion entsprechend geändert. Doch selbst mit dieser Hilfe gelang der Porzellanbrand in du Paquiers Fabrik nicht.

Die Monate gingen ins Land, und die Kosten wuchsen weiter. Das volle Ausmaß der Schwierigkeiten bei der Porzellanherstellung zeichnete sich schließlich ab. Solange du Paquier nicht einen wirklichen Fachmann auftrieb, würde er niemals Erfolg haben. Jetzt durfte er sich keinen Fehler mehr erlauben. Randfiguren, die nur vorgaben, Böttger im Rausch belauscht zu haben, konnten ihm nicht weiterhelfen. Nein, er mußte eine Spitzenkraft finden, die wirklich wußte, wovon sie sprach.

Und er fand ihn in Samuel Stöltzel. Der gehörte zu den erfahrensten Fachleuten der Manufaktur in Meißen. Er kannte die Zusammensetzung der Porzellanmasse und das Brennverfahren. Er hatte von den ersten Tagen auf der Albrechtsburg an insgesamt mehr als zehn Jahre mit Böttger gearbeitet. Nun war er ausgelaugt von den ständigen Auseinandersetzungen mit seinem Konkurrenten Köhler und den Beschränkungen seiner persönlichen Freiheit. Außerdem war ihm der Lohn von 150 Talern pro Jahr zu gering.

Als sei das alles noch nicht genug, war er auch noch in eine peinliche Liebesaffäre verwickelt. Steinbrück hatte herausgefunden, daß Stöltzel ein leidenschaftliches Verhältnis mit einem Mädchen aus dem Bergbauzentrum in Freiberg gehabt hatte. Das Mädchen war schwanger geworden, und ihre Familie verlangte Entschädigung. Wegen dieser unglücklichen Affäre konnte Stöltzel seine Verlobte in Meißen nicht heiraten.

Gerade als die verfahrene Situation immer unangenehmer wurde, erhielt Stöltzel ein verlockendes Angebot von du Paquier: Wenn er nach Wien komme und mit Hunger erfolgreich Porzellan produziere, werde ihm du Paquier ein Salär von 1000 Talern zahlen, bei freier Kost und Logis. In dieser enervierenden Situation ist es verständlich, daß Stöltzel in dem Angebot die Lösung seiner Probleme sah.

Diese letzte und verhängnisvollste Treulosigkeit geschah, als Böttger im schmerzensreichen Endstadium seiner Krankheit war.

Als 1719 die Winterkälte nachließ und Böttger im Delirium lag, traf du Paquier in Meißen ein und gab Stöltzel auf der Albrechtsburg durch Boten Bescheid. Irgendwie konnte Stöltzel die Wachen umgehen und sich mit du Paquier in dessen Unterkunft treffen. Unter strenger Geheimhaltung wurde man handelseinig. Das Schicksal der Monopolstellung der Manufaktur in Meißen schien besiegelt.

Ein paar Tage später floh Stöltzel unbemerkt von der Albrechtsburg. Begleitet wurde er von einer befreundeten Musikerin und einem Billardspieler, dessen genaue Beziehung zu Stöltzel nie ganz geklärt werden konnte. Mit der Postkutsche ging es unverzüglich nach Wien, bevor irgend jemand in der Manufaktur begriff, was vor sich ging.

Böttger hatte einen seiner wichtigsten Mitarbeiter verloren, doch er war schon zu krank, um sich darüber Gedanken zu machen.

Stöltzel hatte nicht nur beste Erfahrungen mit der Massebereitung, sondern kannte sich auch vorzüglich mit dem Brennverfahren aus. Daher sah er in Wien sofort, daß hier viele Probleme der versuchten Porzellanherstellung durch den verwendeten Ton entstanden waren. Vielleicht hatte er sogar eine Probe der ungebrannten Porzellanmasse aus

Meißen mitgebracht. Auf jeden Fall hat er nach ersten erfolglosen Versuchen mit dem Ton der Wiener Fabrik vorgeschlagen, sie solle ihr Glück mit Schnorrs Ton aus Aue versuchen. Du Paquier stimmte zu – bei diesem Entwicklungsstand war jeder Versuch recht.

Stöltzel wußte sehr wohl, daß Schnorr gezwungenermaßen dem sächsischen Kurfürsten versprochen hatte, seinen Ton nur nach Meißen zu verkaufen. Doch davon ließ sich Stöltzel nicht abschrecken. Er suchte vielmehr die Unterstützung des treulosen Meerheim in Dresden, der in engem Kontakt zu Schnorr stand. Stöltzel bat ihn also um eine Lieferung Ton gegen Barzahlung. Schnorr war verärgert über die Verwaltung der Meißner Manufaktur, die oft monatelang mit ihren Zahlungen in Verzug war. Daher hatte er wenig Skrupel, seine Vereinbarungen mit Sachsen zu brechen. Die Aussicht auf Bargeld war zu verlockend, und so war er leicht zu überreden.

Die sächsischen Grenzbeamten mußten wahrscheinlich ihr besonderes Augenmerk auf Wagen mit Ton oder anderen wertvollen Rohstoffen richten. Doch die meisten Karren, die im Frühjahr 1719 in ganz unregelmäßigen Abständen die Grenze überquerten, entgingen ihrer Aufmerksamkeit. Ein oder zwei mußten anhalten, aber die anderen erreichten ein paar Tage später Wien. Es war eine ganz beachtliche Lieferung.

Stöltzel hatte nun alles, was er brauchte, um in Konkurrenz zu Meißen Porzellan herzustellen; dazu gehörten auch genaue Nachbildungen der Brennöfen in Meißen. Wochen später überreichte Stöltzel du Paquier stolz das lange erwartete Ergebnis, der sichtbare Beweis dafür, daß er, anders als Hunger und die anderen Scharlatane, etwas von dem verstand, was er tat.

Was die Herzen höher schlagen ließ, war vermutlich

eine große zweihenkelige Tasse für Schokolade samt Untertasse, verziert mit eingravierten Dekorationen und mit den Worten: »Gott allein die Ehr' und sonst keinem mehr 3 May 1719«. Wahrscheinlich war dies das erste Porzellan, das Stöltzel gemacht hatte, und mit Sicherheit das erste in Europa, das außerhalb Meißens entstanden war. Die Tasse erstrahlt heute in vollem Glanz im Hamburger Museum für Kunst und Gewerbe.

Der beachtliche Erfolg jedoch hat Stöltzel nur wenig angespornt. Fast von Anfang an scheint er seinen Wechsel nach Wien mit gemischten Gefühlen betrachtet zu haben. Du Paquier mit seinem Hang zu Übertreibungen hatte ein viel rosigeres Bild von der Wirklichkeit gemalt, die Stöltzel vorfand. Das Fabrikgebäude bot wenig Platz, die Arbeiter waren unerfahren, und hier gab es noch weniger Geld als in Meißen. Unter solchen Umständen war es unmöglich, erfahrene Handwerker zu bekommen. Auch der versprochene Lohn war ihm nie regelmäßig ausgezahlt worden. Stöltzel wurde immer unglücklicher.

Seine mißliche Lage jedoch war nicht so leicht zu ändern. Denn es gab kaum eine Alternative. Sein Weggang von Meißen und sein Verrat des Geheimnisses, wie Porzellan hergestellt wird, galten, das wußte er gut genug, als Staatsverbrechen, das ihm das Leben kosten konnte, wenn er sich jemals wieder in Sachsen blicken ließ.

In Dresden war der Kurfürst von der Flucht Stöltzels tief getroffen, und allzugern hätte er etwas unternommen, um ihn wieder in seine Hände zu bekommen. Doch er befand sich in einer heiklen diplomatischen Situation. Während Stöltzel nach Wien geflohen war, hatten Verhandlungen zur Verheiratung seines einzigen ehelichen Sohnes und Thronfolgers, des späteren Friedrich Augusts II. (1696 bis

1763, als König von Polen August III.) mit Maria Josepha, der Nichte des Kaisers, begonnen. Die Eheschließung war höchst vorteilhaft für August, denn durch sie wurde seine Familie mit dem mächtigen Geschlecht der Habsburger verbunden, aus dem seit langem die Kaiser des Heiligen Römischen Reiches Deutscher Nation stammten. Und sie sollte noch im gleichen Jahr stattfinden. August durfte auf keinen Fall Kaiser Karl VI. verärgern und damit die Hochzeit aufs Spiel setzen. Zwar gab er die Hoffnung nicht auf, Stöltzel eines Tages in seine Gewalt zu bekommen, doch mußte er gezwungenermaßen diplomatischer vorgehen.

Der sächsische Beamte in Wien wurde beauftragt, die Vorgänge bei du Paquier genauestens zu beobachten und regelmäßig dem Kurfürsten darüber Bericht zu erstatten. Anacker, ein fleißiger und erfahrener Unterhändler, nahm sofort Kontakt mit Stöltzel auf und bemühte sich um dessen Vertrauen, was nicht sehr schwierig war. Offenbar ging es dem sympathischen Anacker um sein, Stöltzels, Wohlergehen. Daher beichtete dieser alsbald seinen Kummer und seine Furcht vor Vergeltungsmaßnahmen, sollte er es wagen, nach Dresden zurückzukehren.

Mittlerweile hatte die Wiener Porzellanproduktion bescheidenen Erfolg. Hunger begann mit der Entwicklung einer farbigen Glasur, die derjenigen in Meißen weit überlegen war. Die Angebotspalette wurde größer und mit ihr die Notwendigkeit, begabte Maler zu beschäftigen. Hunger hielt Ausschau nach geeigneten Kandidaten. Dabei machte er die Bekanntschaft eines dreiundzwanzigjährigen Künstlers. Sein Name, der später in die Geschichte der Porzellanherstellung eingehen sollte, war Johann Gregor Höroldt.

Wenig ist von Höroldts Familie oder seiner Ausbildung bekannt. Doch die spärlichen Nachrichten liefern ein eher unglaubhaftes Bild von der Herkunft des Mannes, der einmal das Kunsthandwerk revolutionieren sollte. Höroldt war der jüngste Sohn eines Schneidermeisters und wurde am 6. August 1696 in Jena geboren. Er zeigte wenig Neigung, in die Fußstapfen seines Vaters zu treten und den reichen Städtern modisch-elegante Kleider zu verkaufen. Er brach also mit der Familientradition, folgte seiner natürlichen Begabung und wurde Dekorationsmaler. Er arbeitete eine Zeitlang in Straßburg und kam nach Wien etwa zu der Zeit, als du Paquier seine Porzellanmanufaktur ins Leben rief.

Von Anfang an hatten die exotischen Bilder aus dem Fernen Osten Höroldt inspiriert. Mit den Augen hatte er die fremdartigen Ansichten verschlungen, die auf importierten Lackarbeiten, Stoffen, Landkarten und auch auf Porzellan zu sehen waren. Diese Formen und Bilder bestimmten seine Auffassung von fernöstlicher Kunst, wobei verschiedentlich exotische und europäische Motive miteinander verschmolzen. In Wien lernte ihn Christoph Conrad Hunger kennen. Für die modebewußten Wiener war Höroldt ein vorzüglicher Tapetenmaler, der elegante Chinoiserien schuf.

Obwohl Höroldt noch jung und unerfahren war, verließ er sich ganz auf sein Talent. Und sein gewinnendes Wesen überzeugte auch immer wieder andere von seiner besonderen Begabung. Genauso erging es Hunger, der in ihm sogleich einen großen Gewinn für die Wiener Manufaktur sah. Tatsächlich aber hatte Höroldt keine Ahnung von Keramikmalerei. Doch für Hunger war dieses Talent so groß, daß sich allemal eine Ausbildung lohnte. Höroldt wurde die Stelle eines zweiten Dekorationsmalers angeboten, worauf er einging, denn er erkannte schnell die Möglichkeiten, die darin lagen.

Daß Höroldt seinem Leben eine derart dramatische Wende gab, verrät gewitzten Geschäftssinn und ziemlichen Ehrgeiz. Die gewissenhaft ausgeführten Landschaften mit Pagoden und Päonien, die Höroldt bislang geschaffen hatten, bildeten nun den Hintergrund auf den kostbaren Porzellanwaren, die bald jede vornehme Wohnung schmücken sollten. In Wien war wie in Dresden das Sammeln von Porzellan eine Leidenschaft der Reichen. Der ehrgeizige Höroldt wollte hier sein Glück machen, wollte sein künstlerisches Genie, wie es sich gehörte, in den Mittelpunkt gerückt sehen.

Wahrscheinlich hat Hunger den jungen Höroldt zunächst nur hin und wieder damit beschäftigt, bestimmte Stücke mit seinen neuen Farben zu schmücken. Von diesen frühen Exemplaren ist offenbar nichts erhalten geblieben. Die Anfänge von Höroldts Maltechnik sind in ein geheimnisvolles Dunkel gehüllt. Doch das Talent des Künstlers stand sogleich außer Frage, und die Wiener Manufaktur machte unglaublich schnelle Fortschritte in der Porzellanmalerei. Nach einem Jahr bereits war das Unvorstellbare erreicht. Wien war nicht nur im Besitz des Arkanums für Porzellan, es gewann auch bereits an Boden gegenüber Meißen.

Doch gerade als die Produktion in vollem Umfang anlaufen sollte, drohten neuerliche Finanzprobleme. Geldgeber Becker war in finanzielle Schwierigkeiten geraten und konnte das Unternehmen nicht länger unterstützen. Du Paquier mußte sich woanders nach Geld umsehen, um Löhne und Materiallieferungen zu bezahlen. Ein Kaufmann namens Balde erwarb die Anteile Beckers und war nun neuer Teilhaber.

Mittlerweile war der Unmut Stöltzels über die Unzuverlässigkeit du Paquiers ins Unerträgliche gewachsen.

Auch hatte er noch immer nicht das versprochene Geld erhalten. Er gelobte Anacker, daß er kein einziges Geheimnis der Porzellanherstellung verraten habe, selbst seine Massebereitung sei niemand anders bekannt geworden. Wenn ihm also verziehen und erlaubt würde, nach Dresden zurückzukehren, würde die Wiener Manufaktur ohne ihn gewiß zusammenbrechen.

Anacker schrieb sofort an den Kurfürsten und empfahl, Stöltzel in Gnaden aufzunehmen. August willigte erfreut ein und versicherte Stöltzel, daß er sein Leben schonen werde, wenn er nach Sachsen zurückkomme. Zwar wurde ihm keine Anstellung versprochen, doch war dies auch nicht ausdrücklich ausgeschlossen.

Im Frühjahr 1720 erhielt Stöltzel 50 Taler von Anacker, um seine Reisekosten zu bestreiten. Und wieder ging's los, diesmal in die entgegengesetzte Richtung – Flucht aus Wien nach Sachsen.

Um zu demonstrieren, daß er nur noch Meißens Interessen vertrat, nahm er den begabtesten Mitarbeiter der Wiener Manufaktur mit. Da er genau wußte, daß die Manufaktur in Meißen nach wie vor in künstlerischer Hinsicht zurücklag, hatte er den talentierten jungen Dekorationsmaler Johann Gregor Höroldt überredet, mit ihm zu kommen.

Doch obwohl Stöltzel Höroldt dabeihatte, quälten ihn sein schlechtes Gewissen und die Furcht, der Kurfürst würde sein Wort nicht halten und ihn festnehmen, um ihn zu bestrafen. Die zurückliegende Anspannung hatte ihm sehr zugesetzt, und er fühlte sich ernsthaft krank. Daher wandte er sich zunächst an seinen alten Kollegen und Freund Pabst von Ohain in Freiberg. Hier erholte er sich langsam und wartete die Reaktionen der Manufaktur in Meißen und des Landesherrn ab. Währenddessen reiste

Höroldt mit einem Empfehlungsschreiben Stöltzels nach Meißen, um seine Dienste als Dekorationsmaler anzubieten.

In der Nacht seiner Flucht aus Wien hatte Stöltzel mit einer drastischen Aktion unzweifelhaft klargemacht, daß er seine frühere Handlungsweise bereute. Er wollte damit ein für allemal sicherstellen, daß Wien künftig niemals mit Meißen wetteifern konnte. Außerdem wollte er du Paquier das volle Ausmaß seiner Enttäuschung vor Augen führen.

Im Schutz der Dunkelheit war Stöltzel in das verlassene Gebäude geschlichen. Die Bänke der Töpfer und Modellierer waren abgeräumt, bereit für die Arbeiten des nächsten Tages. Der Masseversatz ruhte im Keller. Die Gußformen standen ordentlich in den Regalen. Woanders lagen luftgetrocknete Rohlinge, die demnächst gebrannt werden sollten.

In blinder Zerstörungswut hatte Stöltzel die Porzellanmasse, die er selbst bereitet hatte, verunreinigt und damit unbrauchbar gemacht. Die Gußformen hatte er auf den Boden geschleudert und die Brennöfen zerstört. Übriggeblieben waren nur Schutt und Klumpen unbrauchbaren Tons, die den Boden des Werkraums bedeckten.

Dann hatte Stöltzel noch so viel Wiener Porzellan an sich genommen, wie er tragen konnte, zusammen mit allen kostbaren Farbglasuren, die Hunger erfunden hatte. Die Manufaktur in Meißen hatte ja nach wie vor Probleme mit dem Glasurbrand, und hier konnte sie etwas lernen.

Damit war die Wiener Manufaktur praktisch vernichtet, zumindest was die Mitarbeit Stöltzels betraf. Es war, als hätte es das letzte Jahr nicht gegeben.

Man kann sich kaum vorstellen, wie bestürzt du Paquier gewesen sein muß, als er am nächsten Tag sah, was der Vandalismus Stöltzels angerichtet hatte, und als ihm klar wurde, daß er mit seinem Lagervorrat und der ganzen Ausrüstung auch die beiden wichtigsten Mitarbeiter verloren hatte. Sein Ruin schien unvermeidlich, denn der Verlust wurde auf 15 000 Taler geschätzt.

Wie Stöltzel gehofft hatte, kam Wiens Porzellanherstellung völlig zum Stillstand.

2. Das Porzellanschloß

Die Stadt Dresden scheinet gleichsam nur ein bloses Lustgebäude zu seyn, worin sich alle Erfindungen der Baukünste angenehm miteinander vermischen. Ein Fremder hat fast ein paar Monate damit zuzubringen, wann er alles, was dieser Ort Schönes und Prächtiges hat, in Augenschein nehmen soll [...] Das Japanische Palais hat nebst anderen Seltenheiten, einen so reichen Vorrath des schönsten und feinsten Porcellans, welches in der neuen königlichen Fabrick zu Meissen verfertigt wird, daß man solches nicht genug bewundern kann.

Johann Michael von Loen über den Hof
zu Dresden im Jahre 1718

Wie silbrig blitzende Sachsenschwerter vor dunkelgekleideten preußischen Truppen – so zerschnitt das Feuerwerk den nächtlichen Himmel über Dresden. Es kündete von einer hochherrschaftlichen Hochzeit: Der rechtmäßige Thronerbe, Friedrich August, und die Nichte des Kaisers, Maria Josepha, hatten 1719 in Wien geheiratet. Danach reiste das jungvermählte Paar in Begleitung zahlreicher festlich gekleideter Personen nach Dresden.

Mit großem Pomp sollten nach dem Willen Augusts die Lustbarkeiten zu Ehren des Paares jene in Wien in den Schatten stellen. Sie dauerten Wochen: Musikkapellen lieferten hinreißende Darbietungen; es gab phantastische Opernaufführungen; die Theatervorstellungen waren unvergleichlich; Pferderennen rissen das Publikum zu Begeisterungsstürmen hin; Tausende folgten einem Tierkampfspektakel. Doch unter den scheinbar endlosen Bällen, Banketten, Kostümfesten, Wettkämpfen war der unbezweifelbare Höhepunkt eine Reihe von Veranstaltungen zu Ehren der sieben Planetengötter; den Anfang bildete das Sonnenfest am 10. September 1719, eine Woche nach der Ankunft des glücklichen Paares in Dresden.

Schauplatz war nicht die Residenz im Herzen Dresdens, sondern eine prachtvolle Neuerwerbung. Denn während Böttger mit dem Tode rang, Höroldt fleißig die Kunst der Porzellanmalerei erlernte und Stöltzel sich den Kopf zerbrach, wie er am besten aus Wien verschwinden und nach Meißen zurückkehren könne, in diese Zeit also hatte sich der Landesherr Pläne für die aufwendigste Porzellaninszenierung ausgedacht, die die Welt je gesehen hatte: ein Porzellanschloß.

Die Sammelleidenschaft für ostasiatisches Porzellan, die in Europa grassierte, hatte zu der seltsamen Modeerscheinung der Porzellankabinette geführt. In einem ziemlichen Durcheinander bedeckten Gegenstände aus Porzellan die Wände, umrahmten Spiegel und Türen, lagerten auf Kaminsimsen, was in seiner Vielgestaltigkeit einigermaßen verwirrend gewirkt haben muß.

Porzellankabinette gab es vor allem an den prachtliebenden Höfen Deutschlands. Augusts hochgeschätzte »Dragonervasen« waren in einem Raum des Charlottenburger Schlosses untergebracht gewesen, der für seine kunstvolle Gestaltung berühmt war. Die Säulen des verschwenderisch ausgestatteten Porzellankabinetts des Schlosses von Oranienburg bei Berlin sind mit Porzellantassen bedeckt, die Wände mit Tellern, auf den Gesimsen drängen sich Reihe über Reihe ostasiatische Porzellanvasen; und weitere erlesene Stücke verteilen sich über den Raum auf Konsolen, Borden, Tischen und Kaminsimsen.

Das alles hatte der Kurfürst gesehen. Als nun seine

»Dragonervasen« in Dresden eintrafen, wollte er ein noch prächtigeres Gehäuse für sie schaffen. In grenzenlosem Ehrgeiz dachte er nicht nur an einen einzigen Raum, sondern an einen ganzen Palast. Dieses höchste Traumziel des unumstrittenen Porzellankönigs von Europa würde die großartigsten Porzellankabinette Preußens in den Schatten stellen und den passenden Rahmen für die Produkte seiner eigenen Porzellanmanufaktur abgeben.

Im Jahr 1717 erwarb er daher von seinem Staatsminister Graf von Flemming das sogenannte Holländische Palais, heute das Japanische Palais. Vom prächtigen Palast in der Neustadt, am Ufer der Elbe gelegen, hatte man einen herrlichen Blick auf Dresden und die fruchtbaren Hügel ringsherum. Der Kurfürst beauftragte sofort mehrere führende Architekten, unter ihnen Matthäus Daniel Pöppelmann, mit der Erweiterung des Schlosses. Pöppelmann veränderte die Gärten am Fluß nach dem Vorbild jener am Canal Grande in Venedig; sogar ein kleiner Hafen für Gondeln wurde angelegt.

Am Tag der Hochzeitsfeierlichkeiten traf die Prinzessin gegen drei Uhr nachmittags im Holländischen Palais ein. Sie wurde vom Kurfürsten begrüßt, der sie ins Innere geleitete, um ihr stolz die Porzellanschätze des Palastes vorzuführen, mehr als 25 000 Einzelstücke. Es ist fraglich, ob die Prinzessin von der Schaustellung zahlloser Teller und Vasen ebenso gefesselt war wie ihr Schwiegervater. Aber auch wenn sie bei ihrem Gang durch die fürstliche Sammlung ein Gähnen diskret unterdrückt haben mag, so wird sie gewiß aufgerüttelt worden sein von dem, was als nächstes geschah.

Im feierlichen Aufzug ging es langsam zu den Ufergärten. Dort standen auf einer Tribüne unter einem Baldachin aus rotem Samt, durchwirkt mit Gold, Thronsessel mit üppigen Polstern, auf denen sich die fürstlichen Herrschaften niederließen. Die anderen setzten sich auf grüne Bänke. Die unteren Chargen mußten wahrscheinlich stehen. Der Abend wurde mit Musik und Schauspiel eröffnet. Eine Musikkapelle war hinter Rosenbüschen versteckt. Als sie zu spielen anhob, erschienen sieben als Planeten verkleidete Eunuchen in Rauchwolken und verkündeten eine Reihe von Festveranstaltungen für die nächsten Tage. An jenem Tag, dem Sonntag, sollte das Fest der Sonne gefeiert werden.

Nach diesen weitschweifigen Bekanntmachungen begab sich die fürstliche Gesellschaft ins Schloß zu einem Bankett. Hinter den langen Tischen funkelte im Kerzenlicht kostbares Porzellan. Als es langsam dunkel wurde, erhoben sich die Gäste und gingen zu den Schloßfenstern, von wo man über den Fluß schauen konnte. Denn der als Sol verkleidete Eunuch hatte hier als Höhepunkt des Abends eine pyrotechnische Darbietung angesagt. Das Feuerwerk zeigte den Kampf Jasons und der Argonauten um das Goldene Vlies und wurde vor einem eigens errichteten Tempel abgebrannt; um ihn hatten sich Trompeter und Trommler aufgestellt, die eine zündende Begleitung anstimmten. Dann feuerten achthundert Musketiere und zwei Infanterieregimenter Salutschüsse ab, während zahlreiche Leuchtkugeln und andere Feuerwerkskörper in den Himmel aufstiegen und die Gondeln auf dem Fluß illuminierten.

August wird gedacht haben, daß das große Ereignis zweierlei endgültig zum Ausdruck brachte: die Bedeutung seiner Dynastie durch die Verheiratung seines Sohnes und seine eigene Überlegenheit, was Porzellan anbetraf. Sogar für ihn war es ein unvergeßlicher Abend.

Einige Monate später kam Johann Gregor Höroldt nach Meißen. Sogleich versuchte er sich beim Direktorium der Manufaktur und bei Hofe ins rechte Licht zu setzen, um seine etwas zweifelhafte Vergangenheit – die Flucht aus Wien dürfte kaum die beste Empfehlung gewesen sein – zu kaschieren und Arbeit zu erhalten.

In der Manufaktur in Meißen gab es noch immer Intrigen, Ränke und allerlei Machenschaften. Schnell merkte Höroldt, daß hier einflußreiche Verbündete genauso wichtig waren wie eine außergewöhnliche Begabung. Er wurde ein Meister der Schmeichelei, des sozialen Aufstiegs und geschickter Verhandlungen. Eine Radierung von 1726 zeigt ein Porträt, das möglicherweise von ihm selbst stammt: ein unschuldiges Gesicht mit runden Wangen, weichen Lippen und klugen Augen. Nur das entschlossene Kinn und die Entschiedenheit, mit der er den Grabstichel hält, lassen etwas von seiner sorgfältig verborgenen Zielstrebigkeit erahnen, denn hinter der höflichen und ehrerbietigen Fassade verbarg Höroldt die feste Absicht, einmal der mächtigste Mann der Manufaktur zu werden.

Doch die Fachleute bemerkten an Höroldt nichts, was sie beunruhigt hätte, vielmehr waren sie von seinem Selbstvertrauen, seinen angenehmen Umgangsformen und vor allem von seiner unglaublichen künstlerischen Kraft fasziniert. Schnell gewann er einflußreiche Gönner am Hof und im Direktorium, unter ihnen der Hofaktor Chladni und Fleuter, ein wichtiges Mitglied der neuen Kommission. Steinbrück gab die vorherrschende Meinung wieder, wenn er notierte: »Am 3. Juny kam ein Mahler nacher Meißen, der besonders sauber auf Porcellain mahlen konnte, nahmens Herold [Höroldt].«

Als Beweis seiner Fertigkeiten hatte Höroldt einige der wertvollen Glasuren vorgelegt, die Stöltzel in Wien hatte mitgehen lassen, ebenso 14 Porzellanstücke, die er für du Paquier dekoriert hatte. Die Schalen und Tassen für Schokolade und Tee wurden in der Manufaktur sorgfältig geprüft. Sie machten einen solchen Eindruck, daß man sich insgeheim eingestehen mußte, daß Höroldts Arbeiten genauso gut, wenn nicht besser waren als alles, was bisher hier erreicht worden war. Daher befand man, daß auch August sie sehen müsse. Sie wurden pünktlich nach Warschau geschickt. Und auch der König zeigte sich beeindruckt. Zur Probe sollte Höroldt ein oder zwei Meißner Porzellane bemalen. Steinbrück hielt diesen bedeutsamen Vorgang in seinem Notizbuch fest: »[...] von diesem wurde das erste Service, so er roth gemahlet am 19. July 1720 eingebrandt und nacher Dresden mitgenommen«.

Höroldt hat die Prüfung mit Bravour bestanden. Monate nach seiner Ankunft waren ihm als freischaffendem Porzellanmaler regelmäßige Aufträge sicher. Seine Werkstatt und seine Wohnung befanden sich im Haus von Nohr, dem Stadtschreiber, am Domplatz. Die Räume lagen praktischerweise gegenüber der Manufaktur, aber außerhalb des Fabrikgeländes. Die Kommission stimmte zu, daß er für jedes Stück, das er dekorierte, bezahlt wurde. Die Höhe des Honorars richtete sich danach, wie er selbst den Schwierigkeitsgrad des vorgesehenen Dekors einschätzte.

In dem Jahr nach Böttgers Tod war die Verwaltung der Manufaktur deutlich besser geworden. Denn eine neue Beraterkommission zur Klärung der Finanzprobleme hatte ganze Arbeit geleistet. Es stand nun außer Frage, daß die ständigen Verluste weitgehend auf die alte kopflastige und korrupte Betriebsleitung zurückzuführen waren. Sie war mittlerweile deutlich gestrafft worden. So hatte der lästige und verschlagene Michael Nehmitz, der Böttger so sehr behindert hatte, seine hohe Position aufgeben müssen. Meerheim und mehrere andere bestechliche und überflüssige Direktoriumsmitglieder waren gefolgt. Steinbrück war zum Gesamtverwalter der Manufaktur aufgestiegen. Weiterhin hatte man die Löhne vorsichtig angehoben, drei neue Brennöfen gebaut und die Produkte in drei Qualitätskategorien eingeteilt, damit die schlechteren Stücke gar nicht erst zum Verkauf gelangten.

Diese Maßnahmen verbesserten die Arbeitsmoral nahezu sofort. Die Produktion konnte gesteigert werden, was wiederum die Verluste senkte. Auf der Leipziger Ostermesse 1720 wurde so viel Porzellan verkauft und gingen so viele Bestellungen ein, daß die Unterstützung durch den Hof der Vergangenheit angehörte. Zwar erwirtschaftete man noch längst keine Gewinne, aber die Manufaktur trug sich nun selbst. Und da man den begabten Höroldt als Porzellanmaler hatte, war keine Ende dieser positiven Entwicklung in Sicht.

Höroldts Stil war mittlerweile unverwechselbar. Geschickt malte er eigenartige, kunstvolle Chinoiserien, von sorgfältig gestalteten Kartuschen eingerahmt. In fremdartigen Landschaften mit Pagoden und exotischer Vegetation sind Chinesen mit breiten Hüten und Schnurrbärten zu sehen; sie tragen reiche Brokatgewänder, rauchen, trinken Tee, tanzen oder pflanzen Reis. In den Himmeln dieser erfundenen ostasiatischen Ansichten schwirren riesige Insekten oder Schwalben. Die vergoldeten Rahmungen, die das Auge auf die zauberhaften Bilder lenken, sind mit Blumen und Girlanden geschmückt.

August, schon lange fasziniert von derlei exotischen Motiven, war bezaubert von der Phantasie und dem Reichtum der Malerei Höroldts. Dementsprechend nahmen die Bestellungen für die kurfürstliche Sammlung zu. In kaum einem Jahr hatten sich die Einnahmen Höroldts verzehnfacht. Da er viel Beifall erntete, überlegte sich die Leitung der Manufaktur, wie das Porzellan selbst noch besser gestaltet werden könne, damit es Höroldts Kunstfertigkeit wirkungsvoller zur Geltung bringe. Nach und nach gerieten die Formen einfacher, und das reine durchschimmernde Material wurde zum makellosen Malgrund seiner bewegten Dekore.

In Höroldts neuem Malstil spielte Farbe die Hauptrolle. Daher mußte die Palette der Glasuren erweitert werden. Köhler, dessen zwanghafte Heimlichtuerei und Machenschaften einst Gründe für Stöltzel gewesen waren, Meißen zu verlassen, hatte sich schon lange in diese Aufgabe versenkt. Seine Rezeptur für Unterglasurblau war mittlerweile weitgehend zuverlässig, außerdem hatte er die Anzahl der Glasurfarben vergrößert. Doch in krankhafter Verschwiegenheit unterrichtete er niemanden aus Furcht, dies könne seine Stellung schwächen. Statt dessen trug er seine Entdeckungen in ein besonderes Buch ein, das er in einem geheimen Wandschränkchen seiner Schlafkammer sicher verschloß.

Höroldt sah, daß Köhlers Zusammenarbeit entscheidend für seine Karriere war, und schaffte es mit seinem gewinnenden Wesen, den fanatischen Menschen für sich einzunehmen, auch wenn er es nicht erreichte, daß Köhler sein Geheimnis preisgab. Als aber Höroldts Arbeitsausstoß schnell größer wurde, brauchte man noch mehr Farben, mehr als Köhler zu machen fähig oder willens war. Daher schien ein weiterer Fachmann für diese komplizierte Arbeit dringend vonnöten.

Die Manufakturleitung wußte, daß Stöltzel auf diesem Gebiet sehr große Erfahrung hatte. Nach mehreren unruhigen Monaten in Freiberg, in denen Stöltzel nicht wußte, was wohl aus ihm werden würde, wurde er nach Meißen beordert. Man vergab ihm seine Vergehen und erteilte ihm den Auftrag, seinen früheren Gefährten mit Farben zu versorgen.

Ein knappes Jahr nach seiner Ankunft in Meißen ging Höroldts Geschäft so gut, daß er einen ersten Lehrjungen beschäftigen konnte: Johann George Heintze. Bald darauf stellte er einige weitere Gehilfen von der Dresdner Fayencemanufaktur ein. Nun, da sein Geschäft blühte, kam eine gänzlich andere Seite seiner Persönlichkeit zum Vorschein. Denn während Meißens Starmaler weiterhin zu allen sehr charmant war, deren Gunst er sich versichern wollte, behandelte er seine Arbeiter weit weniger freundlich.

Höroldt zeigte sich hier hartherzig, unberechenbar und oft richtig widerlich. Die Lehrlinge wohnten in seinen Räumen, wo sie auch die Mahlzeiten zu sich nahmen. Sie standen unter seiner Knute und führten ein besonders elendes Leben. Die Arbeitszeit war lang, die Arbeit schwer sowohl für erfahrene Kunsthandwerker wie für Anfänger. Im Sommer begann die Arbeit morgens um sechs und dauerte bis acht Uhr abends, im Winter von Sonnenaufgang bis neun Uhr abends. Es gab eine kurze Mittagspause, zu kurz für jene, die in der Stadt wohnten, um zu Hause zu essen. Gemessen an dieser Schreckensherrschaft war der Lohn kärglich. Die Handwerker konnten damit kaum ihre Familien ernähren. Die Lehrzeit dauerte sechs Jahre. Die Fertigkeiten der Lehrlinge nahmen natürlich in dieser Zeit zu, nicht aber ihre Löhne.

Wer sich über die jämmerliche Bezahlung oder über die harten Arbeitsbedingungen beschwerte, wurde zur Abschreckung der anderen streng bestraft. Höroldt hatte keine Bedenken, seine guten Beziehungen spielen zu lassen, damit unzufriedene Arbeiter, die er entlassen hatte, nirgendwo sonst in Meißen Arbeit fanden; sie gerieten also in noch größeres Elend oder mußten die Stadt verlassen.

Doch trotz des äußerst profitablen Betriebs war Höroldt unzufrieden. Er hatte nicht vor, für den Rest seines Lebens ein einfacher Dekorationsmaler für Porzellan zu bleiben. Es reizte ihn, allmählich einen einflußreicheren Posten in der Manufaktur zu erklimmen. Um seinen Ehrgeiz zu befriedigen, mußte er sich, das war ihm völlig klar, unentbehrlich machen – und dazu mußte er sich in den Besitz des Arkanums bringen.

3. Täuschung

Das Porzellan übertrifft jenes aus China wegen der Schönheit seiner Malerei von hohem Rang und Ebenmaß. Gold wird mit großem Geschmack verwendet. Die Maler werden vom König, dem die Manufaktur gehört, ausgewählt und übertreffen sich gegenseitig.

Thomas Nugent, 1749

Am besten geht man wohl, so dachte sich Höroldt, heimlich vor, wenn man das Geheimnis der Porzellanherstellung kennenlernen will. Doch in seiner gegenwärtigen Situation gab es kaum eine Möglichkeit, irgend etwas mitzubekommen. Er wohnte und arbeitete im Nohrschen Haus am Domplatz, also außerhalb der Burg. Und nur selten betrat er die Laboratorien oder die Mischräume. Bewaffnete Wachen außerhalb der Burg registrierten rund um die Uhr jeden Ankömmling. Wer nicht zur Mannschaft gehörte, durfte nur mit Sondererlaubnis eintreten. Und selbst dann konnte er sich nicht frei bewegen, sondern wurde ständig von einer Wache oder einem Mitarbeiter der Manufaktur begleitet. Er durfte sich nur in bestimmten Bereichen aufhalten, wo vom Herstellungsprozeß nicht das geringste zu sehen war.

Um regulären und verhältnismäßig uneingeschränkten Zutritt zu erhalten, mußte man zur Manufaktur gehören und eine Werkstatt in der Burg haben. Aber aus finanziellen Gründen konnte Höroldt sein freies Arbeitsverhältnis nicht aufgeben. Nach wie vor wurde er für jedes einzelne Stück Porzellan bezahlt, das er bemalte – und das war äußerst lukrativ. Sein Einkommen war schon recht hoch.

Er wußte, daß er es nur dadurch steigern konnte, indem er seinen Betrieb vergrößerte. Daher mußte er die Verantwortlichen in der Manufaktur davon überzeugen, daß es in ihrem Interesse lag, wenn seine Werkstatt in die Manufaktur verlegt wurde, er aber freischaffender Dekorationsmaler blieb. Dafür fand er auch ein stichhaltiges Argument.

Wenn er Räume in der Albrechtsburg hätte, so legte er dar, würden die zahlreichen Bruchschäden am zerbrechlichen Porzellan vermieden, die auf dem Weg von der Manufaktur in die Werkstatt im Nohrschen Haus und zurück über das holperige Kopfsteinpflaster entstanden. Darüber hinaus sei so das Geheimnis der Porzellanherstellung sicherer. Denn jetzt bestehe die Gefahr, daß ein Unbefugter sich in seine Werkstatt einschleichen und sich mit Glasurproben unbehelligt davonmachen könne. Wenn aber seine Werkstatt und seine Gehilfen unter derselben strengen Aufsicht stünden wie die übrigen Arbeiter der Manufaktur, werde diese Gefahr vermieden. Andererseits aber müsse die Manufaktur keineswegs für seine und seiner Gehilfen Kosten aufkommen. Er sei ganz zufrieden, wenn er nach wie vor nach Leistung bezahlt würde und die Kosten seiner Arbeiter selbst übernehme.

Das klang alles sehr überzeugend. Das Direktorium war bemüht, den begabten Dekorationsmaler so eng wie möglich an sich zu binden, und stimmte zu, daß Höroldt als freischaffender Künstler innerhalb der Manufaktur arbeiten dürfe. Im Oktober 1722, etwas mehr als zwei Jahre nach seiner Ankunft in Meißen, erhielt Höroldt einen Raum in der Burg zur eigenen Nutzung. Zwei Wochen später wurde im zweiten Stock noch mehr Platz zur Verfügung gestellt, abseits von den übrigen Manufakturarbeitern. Die ganze Werkstatt, drei Handwerker und ein Lehrjunge, zog in die Burg, noch bevor sich die bittere Winterkälte auf die Stadt herabsenkte.

Der Vertrag sah vor, daß die Räume behaglich eingerichtet würden. Die Winter in Sachsen waren schneidend kalt; und die exponierte Albrechtsburg war ganz besonders den Unbilden des Wetters ausgesetzt. Höroldt kümmerte sich um jedes Detail und verlangte, daß sein Werkraum mit einem neuen Ofen ausgestattet und daß regelmäßig Brennholz angeliefert werde — alles auf Kosten der Manufaktur, obwohl er gar kein festes Beschäftigungsverhältnis hatte. Gewiß war er gegen Kälte stets empfindlich, und Brennholz war teuer. Dennoch drängt sich der Verdacht auf, daß er, geschäftstüchtig, wie er nun einmal war, auch daran dachte, daß seine Leute die feinen Dekore besser ausführen konnten, wenn ihre Finger nicht vor Kälte klamm waren.

Weihnachten und Neujahr kamen näher. Obwohl seine Werkstatt abgeschieden von den Massebereitern war, konnte Höroldt sich dennoch glücklich schätzen, daß er nun innerhalb der Burg und damit in der Lage war, die gewünschten Kenntnisse zu erwerben.

Nach wie vor belauerten Stöltzel und Köhler einander mit Mißtrauen. Köhler blieb uneinsichtig bei seiner Auffassung, daß jegliche Zusammenarbeit mit anderen seine Stellung schwächen würde. Stur hielt er daran fest, nichts von dem, was er herausfand, an die Verantwortlichen weiterzuleiten, ja, man konnte sich immer weniger darauf verlassen, daß er Farben für Höroldt bereitstellte.

Ganz anders Stöltzel, der anscheinend von Anfang an zur Zusammenarbeit mit Höroldt bereit war. Seit ihren Wiener Tagen waren die beiden eng verbunden. Die dramatische Flucht aus Wien und sein ungewisses Schicksal in Sachsen hatten Stöltzel in seinen Grundfesten erschüttert.

Doch nachdem ihm verziehen worden war, hatte er sich schnell in die Arbeit in Meißen hineingefunden. Zur Freude Höroldts machte er bemerkenswerte Fortschritte bei der Farbmischung.

Seit seiner Rückkehr hatte sich Stöltzel mit neuen Fondfarben beschäftigt – Glasuren für den Porzellanscherben, wobei weiße Felder für die Malereien Höroldts ausgelassen wurden. Anfang der zwanziger Jahre hatte er bereits Rezepturen für Schwarz, Braun und Gelb entwickelt, Farben, die der Kurfürst sehr schätzte. Höroldt wußte, wie wichtig die Zusammenarbeit mit Stöltzel war, und pflegte ihre Beziehung mit der gleichen Sorgfalt, die er auch den wertvollsten und zerbrechlichsten Porzellanstücken angedeihen ließ. Sie reisten zusammen nach Freiberg, zum Bergbauzentrum Sachsens, um neuentdeckte Minerallager zu untersuchen. Vielleicht fanden sich ja Grundsubstanzen für die Herstellung neuer Farben. Sie sorgten auch dafür, daß Proben nach Meißen geliefert wurden. Bestimmt hat Höroldt die Gelegenheit genutzt, Stöltzel so viele Informationen wie möglich zu entlocken.

Köhler dagegen, der mehr Schmelzfarben beherrschte als irgend jemand sonst, war nicht so leicht zu gewinnen. Seine Laboratoriumstür blieb fest verschlossen, wenn er arbeitete. Niemand durfte ihm dabei zuschauen oder zur Hand gehen. Niemand durfte einen Blick in sein Arbeitsbuch werfen, in das er peinlich genau die Einzelheiten seiner Experimente eintrug. Und in Höroldt sah er nur den Verbündeten seines Erzrivalen Stöltzel. An ihn Informationen weiterzugeben hieße, sie seinem Gegenspieler zu überlassen; und dazu verspürte er nicht die geringste Lust.

Höroldt jedoch hatte wenig Skrupel, wenn es um seine Karriere ging. Er verbarg seinen Ärger hinter gespielter Freundlichkeit. Er sagte sich, daß er früher oder später

Glück haben werde. Er hatte es geschickt erreicht, ins Innerste der Manufaktur vorzudringen. Hier würde er gewiß irgendwann die Gelegenheit erhalten, sich in den Besitz von Köhlers Formeln zu bringen. Er mußte nur abwarten.

Höroldts Fortschritte und der Umstand, daß er nun in der Manufaktur arbeitete, weckten Augusts Heißhunger auf noch mehr Porzellan. Er verlangte nach zahllosen ornamentalen Stücken für sein Porzellanschloß und nach ungeheuren Mengen Tafelgeschirr für seine verschwenderischen Bankette. Schalen und Teller wurden gerade erst in größerer Zahl hergestellt. Der Kurfürst bestellte nun so viel davon, daß zu jedem Gang ein eigenes, besonders dekoriertes Geschirr gereicht werden konnte. Doch auch sein Appetit auf Nachbildungen der Objekte einer anderen Begierde wuchs: japanisches Kakiemon-Porzellan.

Man kann darüber streiten, ob es das beste ostasiatische Porzellan zu dieser Zeit war, unbestritten war es das teuerste. Es wurde in Japan seit dem späten 17. Jahrhundert hergestellt und nach dem legendären Sakaida Kakiemon benannt, einem hervorragenden Künstler, der einer großen Töpferfamilie entstammte. Er soll als erster in Japan Schmelzfarben verwendet haben. Damit hatte er die Voraussetzung für die rasch aufblühende Porzellanindustrie des Landes geschaffen, dessen Zentrum im Distrikt Arita lag, wo auch andere bekannte Exportgüter hergestellt wurden, wie etwa das Imari-Porzellan, das wie Brokat aussieht, und vorzügliches Blauweißporzellan.

Auf Augusts übersättigte Augen übte Kakiemon-Porzellan einen starken und überwältigenden Reiz aus. Die Farben waren klar und leuchtend. Die Farbpalette blieb streng begrenzt auf Blau, Türkis, Eisenrot und Schwarz. Die Dekoration ist höchst verfeinert und zeigt in asymmetrischer Anordnung Bäume mit umherstreifenden Tigern und schönen Damen in Kimonos, umflattert von Vögeln und Schmetterlingen. Die Eleganz der Stücke wird noch erhöht durch den sparsamen Stil und die freien Flächen reinweißen Porzellans.

August war stolz auf seine Sammlung erlesener Kakiemon-Schätze. Doch sosehr er ihre vollendete Schönheit auch bewunderte, so sehr war er darauf aus, daß die Produkte seiner eigenen Fabrik jene in den Schatten stellen sollten – jedenfalls erging diese Order nun an Höroldt.

Und abermals sah sich Höroldt eingeschränkt durch Köhlers Weigerung, bei der Farbgebung mit ihm zusammenzuarbeiten.

Als das Frühjahr 1723 nahte, drängte Höroldt, der sich mit der begrenzten Farbskala abmühte, Stöltzel und Köhler, ihm neue, leuchtende Tönungen zu liefern. Wahrscheinlich aus reiner Verzweiflung begann er seine eigenen Versuche mit Farbmischungen auf der Grundlage des wenigen, was er bisher gelernt hatte.

Derartige Experimente waren neu für Höroldt, und er machte daher nur kleine Fortschritte. Während er sich bis spät in die Nacht abmühte, um die unbekannte Disziplin in den Griff zu bekommen, half ihm der Zufall.

Völlig zermürbt von den ewigen Aufforderungen, seine Entdeckungen bekanntzumachen, und erschöpft von den harten Arbeitsbedingungen, war Köhler schwer erkrankt. Wie so viele andere hatte auch Köhler wahrscheinlich sehr unter den Chemikalien gelitten, deren giftigen Dünsten er beständig ausgesetzt war. An seinen letzten drei leidvollen Tagen wachten an seinem durchwühlten Bett abwechselnd Stöltzel und Höroldt. Jeder wollte unbedingt als erster das geheime Arbeitsbuch mit den Rezepturen für Schmelzfarben in die Hände bekommen, das im Wandschränkchen verschlossen lag.

Keiner von beiden aber wagte es, das geheime Fach zu öffnen, solange Köhler noch lebte, vielleicht aus Furcht, der könne sich so weit erholen, daß er in der Lage war, das Direktorium zu informieren. Doch Köhler erholte sich nicht. Am 30. April 1723 wurde ein Mitglied der Verwaltung von Höroldt benachrichtigt, daß Köhler in der Nacht zuvor gestorben sei. Höroldt hatte als letzter am Sterbebett gewacht. Er berichtete, daß der Sterbende ihm seinen wertvollsten Besitz anvertraut habe – das Buch mit den geheimen Rezepturen. Köhler habe ihm den Schlüssel für das Wandschränkchen gegeben und ihn aufgefordert, das Buch herauszunehmen.

Niemand weiß, was sich wirklich zugetragen hat. Doch könnte es durchaus sein, daß sich Höroldt am Bett mit der noch warmen Leiche Köhlers in dessen Rezeptbuch vertieft hat und soviel davon wie nur möglich in seinem eigenen Notizbuch festgehalten hat. Vielleicht hat er auch die Seiten mit den wichtigsten Anleitungen entfernt.

Was auch immer geschehen ist, dem Kommissionsrat kam der Bericht Höroldts höchst verdächtig vor; und mit Entsetzen muß er gedacht haben, daß selbst der Tod Höroldts Ehrgeiz nicht bremsen konnte. Jedenfalls nahm er das Buch an sich und verschloß es sicher im Tresor der Manufaktur – bis heute wird es im Meißner Werkarchiv aufbewahrt.

Doch niemandem war aufgefallen, das einige Seiten mit den wichtigsten Anleitungen fehlten, die offenbar aus dem Buch herausgeschnitten worden waren. Das wurde erst 15 Jahre später entdeckt, als Höroldts Stellung in Meißen längst unangreifbar war.

4. Gekreuzte Schwerter

Johann Gregor Herold, bestellter Hoffmahler bey der königl. pohln. und churfürstl. Sächsischen Porcellain Fabrique zu Meißen, weyl. Mstr. Wilhelm Herolds, gewesenen Bürgers und Schneiderhandwercksobermeister seel. nachgelaßener jüngster Sohn andrer Ehe und Jgfr. Rahel Eleonore Keyl, Herrn Gottfried Keyls, fürnehmen Rathsverwandten zu Meißen ehelich einzige Tochter sind am 6. Oct. 1725 zu Meißen copuliret.

Aus dem Traubuch des Jenaer Pfarramtes

Nachdem Köhlers Geheimnisse in Höroldts Hände gefallen waren, erfolgte dessen Aufstieg geradezu meteorhaft. In seinem beengten Quartier auf der Albrechtsburg hatte er von Farben geträumt, die so leuchtend und so mannigfaltig waren wie jene, die ein Maler auf seiner Palette mischen kann. Mit den Aufzeichnungen, die in so zweifelhafter Weise in seinen Besitz gelangt waren, machte seine Arbeit gewaltige Fortschritte. Äußerst geschickt und von Natur aus begabt, löste er die Probleme, mit denen die Manufaktur jahrelang vergeblich gekämpft hatte.

Getrieben von brennendem Ehrgeiz, zerkleinerte er seine Substanzen, löste sie auf, filterte und mischte sie. Er verrührte Galmei in Wasser und erzielte ein leuchtendes Kirschrot. Er löste Golddukaten in Königswasser und erhielt einen rötliche Kupferglanz, den schon Böttger gewonnen hatte. Er entdeckte Eisenverbindungen, die ein Braun ergaben, bei bestimmten Temperaturen aber zarte Grünschattierungen. Und jede Einzelheit, jede Veränderung, und sei sie noch so gering, hielt er schriftlich fest.

Wie durch Zauberei entstanden in seinen Tiegeln und Phiolen die schwierigen Farben, deren Gewinnung Köhler und Stöltzel ein ganzes Leben gewidmet hatten. Doch er ließ sein eigentliches Ziel nicht aus dem Auge, auch wenn er noch so triumphierend seine Ergebnisse in seinem Rezeptbuch notierte. Mit den Kenntnissen, die er hier gewann, wollte er sich lediglich von anderen Chemikern unabhängig machen, womit er eine mächtige Waffe in Händen hielt, mit der er gegebenenfalls die Manufaktur einschüchtern, ja sogar Einfluß auf den Kurfürsten gewinnen konnte.

In der Folgezeit zauberte Höroldt nicht weniger als sechzehn neue Schmelzfarben hervor. Viele konnten niemals verbessert werden und gehören bis heute zu den bestgehüteten Geheimnissen. Auch hat er den Muffelofen verbessert, mit dem man farbige Glasuren brennen konnte. Wie ein Zauberer schuf er ein Türkis, so edel wie das Blaßgrün in des Kurfürsten Sammlung, ein bleiches Gelb, wie die Farbe des Eidotters, ein überraschend leuchtendes Grasgrün, ein intensives Aquamarinblau, ein strahlendes Rot, ein zartes Lila, ein tiefes Weinrot. Es war ein farbenfrohes Spektrum, das seiner Porzellanmalerei neuen Glanz verlieh.

Einzigartige, farbig bemalte Porzellanstücke, viele mit Farben nach Rezepturen des unglücklichen Köhler, kamen nun zum Verkauf.

Inzwischen war man das Problem, reinweißes Porzellan herzustellen, angegangen. Seit 1724 wurde als Flußmittel eine Mischung aus Feldspat und Quarz anstelle von Alabaster verwendet. Feldspat kommt in der Erdkruste sehr häufig vor. Es ist weniger verwittert als Kaolin und besteht ebenfalls aus alkalischen Aluminiumoxidsilikaten. Ein weiterer Vorteil gegenüber Alabaster ist, daß Feldspat zusammen mit Quarz beim Brennen ein festeres Gemisch ergibt. Dabei schmilzt Feldspat nicht nur und schließt die Poren des Kaolins, es verbindet sich auch mit dem Quarz, was die Masse härter macht und Verformungen während des Brandes bei höheren Temperaturen verhindert.

Obwohl Stöltzel und die anderen Massebereiter, die diese Verbesserung erzielten, es nicht wissen konnten, entsprach ihre Mischung aus Kaolin, Feldspat und Quarz tatsächlich genau jener, die in China und Japan verwendet wurde. Durch bloßes Herumprobieren hatte man in Meißen das Problem gelöst, das Böttger so sehr beschäftigt hatte: Das Porzellan schimmerte nicht mehr gelblich, sondern in einem leuchtenden reinen Weiß. Auch der Kurfürst war mit dem Ergebnis hoch zufrieden, wie Steinbrück im Januar 1725 notierte. In Schönheit und Glanz konnten nun die Stücke aus der Meißner Manufaktur durchaus mit dem japanischen Kakiemon wetteifern.

Höroldts Arbeit war ziemlich teuer, worüber die Verantwortlichen sehr unzufrieden waren. Bereits 1720 war der Handelsbeauftragte Chladni gefragt worden, ob sein bemaltes Porzellan nicht preisgünstiger zu haben sei. Meißner Porzellan war tatsächlich teurer als das aus dem Fernen Osten (abgesehen von Kakiemon). Dennoch setzte sich Höroldt durch: Die Preise wurden nicht gesenkt. Doch die Nachfrage wuchs unaufhaltsam in ganz Europa, da feine Lebensart und Verschwendungssucht nach Porzellan verlangten. Wenn die Damen eine Kaffeetasse hielten, die mit Meißner Mandarinen geschmückt war, oder kokette Blicke über den Rand von Teetassen warfen, die exotische Blumen trugen, dann steigerte dies ebenso ihre Anziehungskraft wie ihre Fächer, Parfümfläschchen oder ihre Schminke. Dank Höroldt war Meißner Porzellan sehr in Mode.

Der Ruhm des Porzellans beruhte nicht nur auf seiner Schönheit, sondern auch auf dem Geheimnis, daß die Manufaktur umgab. Viele Gerüchte rankten sich um die gefängnisartig wirkende Fabrik, wovon auch in den Briefen der Besucher Dresdens die Rede war. So schrieb etwa der irische Kapitän Jonas Hanway, der 1752 nach Meißen reiste: »Um diese Kunst möglichst zu beschützen, darf die Fabrik von Meißen [...] nur von den dort Beschäftigten betreten werden.«

Auch die hohen Preise waren im Gespräch. So äußerte sich Hanway skeptisch: »Es heißt, sie könnten die Aufträge, die sie aus ganz Europa, ja sogar aus Arita erreichen, nicht schnell genug ausführen. Daher bestehe keine Notwendigkeit, die hohen Preise zu senken.« Doch den wichtigsten Punkt erwähnt Hanway nicht, daß nämlich im weltstädtischen Wien, im kultivierten Augsburg und sogar im aristokratischen England die Käufer auch deswegen verrückt nach dem wunderschön bemalten Porzellan aus Meißen waren, weil der unglaublich hohe Preis ein Gefühl der Exklusivität vermittelte, was den Besitzerstolz noch steigerte.

Da Höroldt die Quelle des wachsenden Erfolgs war, wollte die Manufakturleitung ihn fester an das Unternehmen binden. Wenn er mit seiner unschätzbaren Erfahrung etwa die Werkstatt verlegen sollte, könnte das die ganze Manufaktur ruinieren. 1724 war Höroldt 27 Jahre alt und verdiente mehr als genug, um eine Frau und eine Familie zu ernähren. Warum, fragte sich die Kommission, hatte er noch nicht geheiratet? Sollte das etwa bedeuten, daß er fortziehen würde, wenn er ein besseres Angebot erhielt?

Höroldt hatte keineswegs vor, ein so gutes Einkommen aufzugeben; er ließ sich nur nicht in die Karten schauen. Natürlich hat er es nicht öffentlich zugegeben, aber er wollte tatsächlich die Heirat für seine Karriere nutzen. Liebe, Gefühl und körperliche Schönheit waren bei seinen ehrgeizigen Plänen von geringerer Bedeutung. Auf die Frage der ahnungslosen Manufakturkommission, warum er noch nicht verheiratet sei, antwortete er, daß seine Stellung in der Gesellschaft Meißens zu gering sei, um sich eine passende Braut zu suchen.

Schon bald ging seine Rechnung auf. Im Juni 1724 wurde er zum Hofmaler ernannt. Ein solcher Titel war schon unglaublich für einen Mann, der nur vier Jahre zuvor aus Wien davongelaufen war, mit ein paar Töpfen im Gepäck, die seine Begabung bezeugen sollten. Nun stellte er andere Dekorationsmaler ein und führte die Aufsicht. Er trug die Verantwortung für die Ausbildung der anderen Mitarbeiter. Er bestimmte Gestalt und Form der Stücke, damit sie sich am besten für seine Dekorationen eigneten. Eine Bedingung seiner Beförderung war, daß er sich so schnell wie möglich verheiratete.

Mit seinem neuen Titel konnte Höroldt um eine Frau mit einigem gesellschaftlichen Rang werben. Innerhalb eines Jahres hatte er sich mit ernsten Absichten der Tochter eines Gastwirts und Ratsherrn in Meißen genähert: Rahel Eleonore Keil. Am 6. Oktober 1725 fand in Meißen die prunkvolle Hochzeit zwischen der einzigen Tochter des einflußreichen Bürgers und dem erfolgreichen Hofmaler des Kurfürsten statt.

Sein Hochzeitsgeschenk an seine sorgfältig ausgewählte Frau war ein eleganter Porzellanbecher, auf dem ihr Name und das Hochzeitsdatum prangten. Das Geschenk war ziemlich wertvoll. Porzellan war so teuer, daß die meisten Handwerker nicht darauf hoffen konnten, einmal eines der Stücke zu besitzen, die sie so gewissenhaft fertigten; ebensowenig konnten sie allerdings mit Höroldts Honorar rechnen. Die Ehe, obwohl sie lange währte, stand unter einem ungünstigen Stern. Bestimmt wollte Höroldt sein blühendes Geschäft einem Erben hinterlassen. Der Wunsch schien in Erfüllung zu gehen, da Höroldts Gattin alsbald schwanger wurde. Neun Monate später wurde ihr erster Sohn geboren und auf den Namen Johann Wilhelm getauft. Doch die Konstitution des Kindes war schwach; es starb bereits am nächsten Tag. Die Tragödie wiederholte sich. Sieben Kinder wurden geboren, von denen nur eines sieben Jahre alt wurde; alle anderen starben nur wenige Tage nach ihrer Geburt.

Zwar wuchsen auch weiterhin Höroldts Erfolg und Einfluß, aber der Tod so vieler Kinder mußte sich auf sein ohnehin schon unfreundliches Verhalten gegenüber seinen Arbeitern auswirken. Skrupellos beutete er ihre Fähigkeiten aus. Von dem Geld, daß er für ihre Arbeit erhielt, gab er ihnen nur einen Bruchteil. In seinem brennenden Ehrgeiz fürchtete er, daß einer seiner fähigen Gehilfen einen eigenen Malstil entwickeln und ihn dann verdrängen könne. Indem er seine Lehrlinge nur mit speziellen Aufgaben betraute, behinderte er aufblühende Talente absichtlich und mißbilligte jede knospende künstlerische Eigenart. Die Gehilfen durften ihre Werke nicht signieren (obwohl einige heimlich ihre Namen in die Dekore einfügten). Unterglasurblauornamente wurden von den am wenigsten begabten Dekorationsmalern angefertigt. Andere werden sich auf Landschaften, Figuren, Hafenszenen, Chinoiserien, exotische Blumen und auf das Vergolden spezialisiert haben. Und Anfänger durften ihr Repertoire nicht erweitern und wurden niemals richtig ausgebildet.

Höroldts eigener künstlerischer Stil war das einzige Vorbild. Selbst erfahrene Künstler mußten Dessins nachahmen, die er als Kupferstiche und Zeichnungen in der

Werkstatt kursieren ließ. Es sind Papierschablonen erhalten geblieben, an denen man erkennen kann, wie die Muster auf das Porzellan übertragen wurden: Mit Nadeln wurden die Dessins durchs Papier gestochen; durch die kleinen Löcher wurde Kohlenstaub auf das Porzellan geblasen – eine ähnliche Übertragungstechnik wird bis heute angewendet. Ein gewisses Maß an individueller Freiheit war bei Stücken unterschiedlicher Gestalt erlaubt, doch meist überwachte Höroldt buchstäblich jeden Pinselstrich.

Das neue Abkommen sah auch vor, daß Höroldt für eine bescheidene Summe Former und andere Kunsthandwerker der Manufaktur in Malerei und Zeichnen unterrichten sollte. Dieser Pflicht kam Höroldt allerdings nur nachlässig und ungern nach. Warum Zeit verschwenden und Dekorationsmaler der Manufaktur ausbilden, mag er sich gesagt haben, wenn das doch nur darauf hinauslief, daß sein eigenes Geschäft den Nachteil hatte? So blieb die Ausbildung äußerst oberflächlich, und manch ein verborgenes Talent wurde im Keim erstickt.

Persönlich rechtfertigte Höroldt sein despotisches Regiment mit dem Hinweis auf die Leistungsfähigkeit seines Betriebs und auf die Sicherheit. Spezialisierte Künstler arbeiteten schneller. Auch würden sie weniger Ärger durch Arbeitsplatzwechsel machen. Denn mit einer schlechten Ausbildung könnten sie kaum irgendwo anders eine neue Stelle finden.

Rasch wurde deutlich, daß das völlig falsch war. Die schlechte Behandlung führte nicht nur zu Not und Elend bei seinen Mitarbeitern, sondern schadete auch dem Unternehmen. Zwar war die Ausbildung mangelhaft und die Wachen beobachteten jedes Kommen und Gehen, doch viele von Höroldts begabtesten Malern wurden durch Verzweiflung, Geldmangel oder die schlechte Behandlung gezwungen, woanders Arbeit zu suchen.

Unter ihnen war auch Höroldts erster Lehrling, Johann George Heintze, dessen hohe Begabung er nicht förderte und dessen hervorragende Leistungen er nicht anerkannte. Höroldt zahlte Heintze so wenig Geld, daß er nach anderen Möglichkeiten Ausschau hielt, um sein Einkommen aufzubessern.

Bis in die zwanziger Jahre des 18. Jahrhunderts hinein produzierte die Manufaktur mehr Porzellan, als Höroldts Werkstatt bemalen konnte. Die übrigen undekorierten Stücke wurden oft an sogenannte Hausmaler verkauft. Das waren unabhängige Dekorationsmaler, die in ihren Werkstätten Porzellan glasierten und es außerhalb des Amtsbezirks von Meißen privat weiter veräußerten. Das Meißner Direktorium war niemals ganz glücklich darüber, denn es gab keine Qualitätskontrollen. Zwar wurden einige Stücke von bekannten Malern dekoriert, wie etwa Johann Auffenwerth, Bartholomäus und Abraham Seuter, Ignaz Bottengruber, und entsprachen dem eigenen Standard, doch andere waren sehr viel schlechter.

Die Leitung fürchtete, daß diese schlechten Malereien, oft nur plumpe Nachahmungen von Schmuckmustern, die Künstler in Höroldts Werkstatt entwickelt hatte, dem hart erarbeiteten guten Ruf der Meißner Manufaktur schaden könnten. Doch was sollte man mit dem überzähligen Porzellan, vor allem einfache, liegengebliebene Stücke, machen? Dieser Handel brachte einige zusätzliche Einnahmen, und deshalb blieb man dabei, wenn auch widerwillig.

Um Meißens guten Ruf dennoch zu wahren, kam Steinbrück 1723 auf die geniale Idee, die echten Stücke mit einer blauen Marke unter der Glasur zu kennzeichnen. Dies sollte zugleich eine Qualitäts- und eine Echtheitsgarantie sein. Als Motiv wählte man ein Paar gekreuzter Schwerter; es stammte aus dem kurfürstlichen Wappen. Einige Jahre lang wurden die gekreuzten Schwerter nur gelegentlich verwendet, dann immer häufiger. An der Unterseite der Stücke angebracht – üblicherweise von den jüngsten Lehrbuben –, wurden sie das Markenzeichen der Meißner Manufaktur.

Keiner hat damals wohl ahnen können, daß die gekreuzten Schwerter einmal eines der am häufigsten gefälschten Markenzeichen sein würde.

Für die schlecht bezahlten Arbeiter Höroldts war die Versuchung groß, sich ein paar Taler dazuzuverdienen, indem sie zu Hause Porzellan bemalten, was ihnen aber ausdrücklich verboten war. Wie viele andere in der Werkstatt hatte auch Heintze chronische Geldsorgen. Außerdem muß er über die Mißachtung seiner Tätigkeit verärgert gewesen sein. Daher fand er wohl nichts dabei, heimlich in das einträgliche Geschäft einzusteigen.

Nach und nach nahm Heintze weißgebrannte Stücke aus der Manufaktur mit nach Hause, um sie in seiner Freizeit zu bemalen. Dann verkaufte er sie auf dem Schwarzmarkt. Als das heimliche Geschäft blühte, baute er seinen eigenen Muffelofen und brachte sich selbst das Farbenmischen bei, um seine eigenen Glasuren herzustellen. Wahrscheinlich hat ihm dabei sein Freund Stöltzel geholfen.

Aber in der Werkstattgemeinde konnte solch unerlaubte Arbeit nicht lange geheim bleiben. In der Manufaktur gab es nach wie vor undurchschaubare Machenschaften. Wie Heintze zu seinem Leidwesen feststellen mußte, war die Gefahr ganz real, daß ein neidischer Mitarbeiter einen anderen beschuldigte oder sich einen Vorteil beim Werkstattleiter verschaffen wollte. Als Höroldt den Wink erhielt, daß Heintze zu Hause Porzellan bemale, wollte er zunächst einen so hart arbeitenden und erfahrenen Dekorations-maler nicht opfern. Heintze erhielt einen strengen Ver-weis. Doch Höroldt tat wie immer nichts, um die Ursache des Übels zu beseitigen.

Entweder brauchte er dringend Geld, oder er nahm die Warnung nicht ernst, jedenfalls verzierte Heintze unbe-eindruckt weiterhin nebenbei Porzellan. Als das Höroldt erfuhr, schäumte er vor Wut, ließ Heintze einsperren und seine Wohnung durchsuchen. Wie zu erwarten, wurde ei-ne Menge unerlaubt bemaltes Porzellan gefunden. Heintze wurde vor Gericht gestellt, des Betruges für schuldig be-funden und zur Festungshaft auf Königstein verurteilt. Hier mußte er ausgerechnet Porzellan bemalen, um seinen Unterhalt zu bestreiten. Aber das ist noch nicht das Ende seiner Geschichte.

Er wußte, daß es nur einen Weg gab, um Höroldts Ty-rannei zu entkommen, nämlich Sachsen zu verlassen. Und irgendwie gelang ihm auch die Flucht. Wie zuvor Böttger wandte er sich nach Prag. Und wie der unglückliche Al-chimist wurde auch er ganz schnell von den kurfürstlichen Soldaten eingefangen. Aber hier enden die Parallelen. Die Gefangennahme hat Heintze nicht davon abgehalten, sein Unterfangen fortzusetzen, diesmal mit Erfolg. Er ging nach Breslau, dann nach Wien und schließlich nach Berlin. Auch diese Städte waren Zentren der Keramikherstellung, und mit Sicherheit hat er dort seine begehrten Dienste an-geboten – mit einem Gefühl großer Erleichterung, daß er Höroldt zu guter Letzt doch entkommen war.

Heintze hinterließ Porzellan mit arkadischen Landschaf-ten und Hafenszenen, in denen sein Hauptmotiv, ein Obe-lisk, so sicher seine Urheberschaft bezeugt wie die Signa-tur oder die Initialen, die Höroldt so nachdrücklich ver-boten hatte. Das einzige erhaltene Stück, das tatsächlich die Signatur des unglücklichen Heintze trägt, befindet sich heute im Württembergischen Landesmuseum zu Stuttgart. Es zeigt ausgerechnet eine Ansicht der Albrechtsburg, wo er so viele Jahre bitter gelitten hat.

Heintzes Verbrechen war keineswegs ein Einzelfall. Zahlreiche Arbeiter mußten dieser illegalen Tätigkeit nachgehen, um zu überleben. Sogar Höroldts Haus wurde 1731 nach einem Tip seiner rachsüchtigen Haushälterin durchsucht. Und tatsächlich hat man dabei viel weißes Porzellan gefunden, was er vermutlich nebenbei bemalen wollte, nicht aus Not, sondern aus Habgier. Doch seine Stellung machte ihn unangreifbar. Trotz aller Zweifel mußte die Leitung beide Augen zudrücken. In diesem Fall hieß es, Höroldt sei verleumdet worden, die Informantin wurde dem Gelächter der Leute preisgegeben und ins Gefängnis geworfen.

Nicht alle, die Höroldt ausbeutete, konnten sich glücklich davonmachen. Einige haben vielleicht ihren Wert für Konkurrenzunternehmen nicht erkannt und sich eher mit der unglaublichen Behandlung abgefunden, als ihre Beschäftigung aufs Spiel zu setzen. Höroldts despotische Führung wird nirgends deutlicher als im Umgang mit Christian Friedrich Herold, einem entfernten Verwandten, der seit 1724 für ihn in der Manufaktur arbeitete.

Herold hatte als Emailmaler (Email auf Kupfer) in Berlin gearbeitet und bislang noch nie Porzellan dekoriert. Doch er paßte schnell die erlernte Technik dem neuen Material an und vertiefte sich vor allem in Versuche, Gold aufzutragen. Höroldt bemerkte die raschen Fortschritte seines begabten Verwandten und befürchtete, daß dieser Ideen entwickeln könne, die über seine Arbeit hinausgingen. Um ihn unter Kontrolle zu halten, zahlte er ihm keinen regelmäßigen Lohn und untersagte ihm, irgendwelche eigenen Experimente durchzuführen oder anderweitig Arbeit anzunehmen.

Aber Herold war von seinen Untersuchungen so gefesselt, daß er Höroldts Vorschriften mißachtete. Er setzte zu Hause seine Arbeit heimlich fort, bemalte kupferne Schnupftabaksdosen und experimentierte eifrig mit neuen Farben. Als Höroldt davon erfuhr, ließ er Herolds kleine Wohnung in der Marktstraße durchsuchen. Emailarbeiten, die er auf eigene Kosten angefertigt hatte, sowie die Zutaten wurden beschlagnahmt; er selbst wurde, wie Heintze, eingesperrt und wegen illegaler Dekorationsarbeiten angeklagt.

Doch Herold hatte die besseren Argumente. Er habe doch das Emaillieren von Kupfer, nicht von Porzellan betrieben, und das sei keine Konkurrenz für eine Porzellanmanufaktur. Ungewöhnlich an diesem Fall war, daß Höroldts Einwände zurückgewiesen wurden und das Gericht zugunsten Herolds befand. Doch Höroldt vergab seinem Vetter nie. Rachsüchtig übervorteilte er ihn, trieb ihn unerbittlich an und zahlte ihm nur geringen Lohn. Herold war alles andere als glücklich und machte mehr als einmal den Versuch wegzugehen. Doch irgendwie bekam Höroldt stets Wind davon und konnte es verhindern.

Ja, als Herold Jahrzehnte später höflich um eine bescheidene Gehaltserhöhung bat, da er schon so lange für Höroldt arbeite, hielt dieser den berechtigten Wunsch für ein abscheuliches Verbrechen, für verräterische Meuterei, die vor Gericht gehöre. Und diesmal gewann Höroldt. Herold wurde wegen umstürzlerischer Bestrebungen zu vier Monaten Gefängnis verurteilt. Doch auch dies brachte ihn nicht dazu, Meißen den Rücken zu kehren.

Herolds Repertoire war abwechslungsreicher als das vieler seiner Zeitgenossen. Er war ein Meister packender

Schlachtenszenen, heiterer Landschaften, lebenerfüllter Hafenansichten und ein hervorragender Figurenmaler. Auch schuf er sehr schöne Chinoiserien, an denen Höroldt noch lange festhielt, als der Publikumsgeschmack schon längst neuere, frischere Themen bevorzugte. Herold starb 1779 mit 79 Jahren als unbekannter Meister, der es sich nicht hatte träumen lassen, daß seine Arbeiten Jahrhunderte später einmal zu den besten Dekorationsmalereien der Meißner Manufaktur zählen würden.

Als das Ansehen der Manufaktur und Höroldts schlecht behandelte Mannschaft wuchsen, nahm auch der Profit der Fabrik zu. 1724 zählte die Belegschaft etwa vierzig Personen, und Höroldt hatte zwölf Gehilfen. Anfang des nächsten Jahrzehnts hatten sich Höroldts Geschäft und der Umsatz der Manufaktur mehr als vervierfacht; und ihre Belegschaft bestand aus mehr als neunzig Arbeitern.

August erntete nun den Lohn seiner Goldmacherphantastereien. Gold strömte in seine Truhen. Für den porzellangierigen Kurfürsten war es aber ebenso wichtig, daß Porzellan von hervorragender Qualität und Pracht, das jenes aus dem Fernen Osten in den Schatten stellte, seine Schlösser füllte. Von 1717 bis 1732 strich August 27 000 Taler Gewinn in Gold ein. Sein Porzellan war etwa 880 000 Taler wert.

Auch Höroldts Unternehmen gedieh. Er wurde nach wie vor zu äußerst günstigen Bedingungen als freischaffender Künstler beschäftigt. Doch für seine Wohnung, das Brennmaterial, seine Pferde und sogar noch für seine Kerzen kam die Manufaktur auf. Sein Einkommen war beträchtlich – um die 4000 Taler, eine ungeheure Summe, wenn man sie mit den wenig mehr als 300 Talern vergleicht, die sein bestbezahlter Arbeiter erhielt. Die meisten waren glücklich, wenn sie nur die Hälfte davon bekamen. Vielleicht noch überraschender ist, daß es Höroldt mit viel Umsicht erreichte, daß niemand von der Kommission so recht gewahr wurde, welche enormen Summen er zusammenbrachte. Erst ein frevelhafter Betrug brachte seine Wuchergeschäfte ans Licht.

5. Skandal und Wiedergeburt

*Ein anderer Kabinettsminister war vormals Ministerprä-
sident unter dem König von Polen: Graf von Hoym [...]
Ich habe ihn näher gekannt, bevor er in das Ministerium
berufen wurde, und zwar in Paris, Wien und Dresden
[...] Kein Minister am Hof ist so zuvorkommend, so ge-
lehrt oder ein besserer Freund der Gelehrten. Während
seines langen Aufenthaltes in Paris als Gesandter des
Königs von Polen stand sein Haus allen gelehrten Männern offen, so wie jetzt in Dresden; sein Ehrentitel war
Maecenas von Sachsen.*

Karl Ludwig von Pöllnitz,
Mémoires, 1734

Der Skandal erschütterte die Manufaktur und den Hof
bis in ihre Grundfesten. Im Mittelpunkt des schänd-
lichen Falles stand ausgerechnet ein Minister, dem August
sehr vertraut hatte. Es ging um Industrie- und politische
Spionage, wobei das Arkanum in größere Gefahr geriet,
verraten zu werden, als jemals zuvor, seit Stöltzel nach
Wien geflüchtet war.

Am leichtfertigen Hof von Dresden gab es überall Korruption, Bereicherung und skrupellose Geschäftemache-
rei. Es galt fast schon als normal, daß jemand in ein-
flußreicher und privilegierter Stellung aus allem und
jedem seinen Vorteil zu ziehen suchte. Doch die Lemaire-
von-Hoym-Affäre war doch etwas ganz anderes. Sie hatte
so ungeheuerliche Ausmaße, daß sogar der Kurfürst sie
nicht aus der Welt schaffen konnte.

Nach wie vor war August häufig in Warschau, um sich
den Staatsgeschäften Polens zu widmen. Im Jahr 1729 hat-

te er seinen Premierminister, Graf von Hoym, zum Ober-
direktor der Manufaktur in Meißen ernannt. Hoym sollte
während der oft monatelangen Abwesenheit des Kurfürsten dessen Interessen wahrnehmen. Er entstammte einer der einflußreichsten Familien Sachsens und war der
Bruder jenes unglückseligen Hofmannes, dessen ehemali-
ge Ehefrau die berüchtigtste Mätresse Augusts war, die
Reichsgräfin von Cosel. Als Sachsens Gesandter an den
Höfen in Wien und Versailles hatte er sich an ein privile-
giertes Leben gewöhnt – und nichts war ihm lieber, als bei
den Hofintrigen fleißig mitzumischen.

Zum engeren Freundeskreis des Grafen von Hoym in
Versailles hatte auch ein gewisser Rudolphe Lemaire ge-
hört, ein Geschäftsmann mit gutem Gespür für günstige
Gelegenheiten, egal, wie undurchsichtig sie auch waren.
Dann war Hoym nach Sachsen zurückgekehrt und hatte in
Dresden ein ansehnliches Palais bezogen. Als Lemaire zu
Ohren kam, daß seine sächsische Bekanntschaft nun die
Oberaufsicht über die berühmteste Keramikmanufaktur
Europas hatte, reiste er nach Dresden und stattete Hoym
einen Besuch ab. Sie heckten mehrere Pläne aus, wie sie zu
unvergleichlichem Reichtum gelangen könnten – alles auf
Kosten der Manufaktur in Meißen.

Auf Anregung Hoyms erteilte August schließlich Lemaire die Exklusivrechte, Meißner Porzellan in Frankreich
und Holland zu verkaufen. Der vorsichtige Kurfürst war
mit dem Argument überredet worden, daß Lemaire mit
seinen guten Verbindungen nach Frankreich und anders-
wohin sehr gut geeignet sei, den internationalen Markt für
Meißen zu erschließen. Ein derart hervorragender Reprä-
sentant brächte größere Anerkennung für die Manufaktur,
so versprach Hoym, was wiederum das Ansehen des kurfürstlichen Besitzers in unermeßliche Höhen heben würde.

Da Lemaire die neueste französische Mode kannte, durfte er die Manufaktur mit Sonderanfertigungen beauftragen, die dem verwöhnten Pariser Geschmack entsprachen. Lemaire hatte in Paris beobachtet, daß die Nachfrage nach ostasiatischem Porzellan, insbesondere nach Kakiemon, noch längst nicht befriedigt war. Letzteres war deutlich teurer als das aus Meißen.

Hoym veranlaßte daher die Manufaktur, Lemaire mit Porzellan zu beliefern, das Kakiemon genau imitierte. Mit unerhörter Dreistigkeit beschlossen die beiden, daß Form und Dekore ausgewählter Stücke der kurfürstlichen Sammlung exakt nachgeahmt werden sollten. Bereits mehr als 120 wertvolle Stücke aus dem Holländischen Palais waren rund 20 Kilometer über die holperigen Straßen in die Manufaktur geschafft worden, wo sie in großer Zahl kopiert werden sollten. Die Abnahmepreise, von den beiden Verschwörern insgeheim festgelegt, lagen weit unter dem üblichen Niveau. So war die Manufaktur bald ausgeblutet durch die Schuld zweier Männer, von denen man allgemein angenommen hatte, sie handelten im Interesse des Unternehmens.

Der Betrug wäre nicht aufgeflogen, wenn nicht Lemaire Hoym überredet hätte, die Anweisung zu erteilen, daß die bislang üblichen gekreuzten Schwerter wegzulassen seien. Wenn die statt dessen erwünschten fernöstlichen Marken nicht nachgeahmt werden könnten, solle das Porzellan überhaupt nicht gekennzeichnet werden.

Sofort wurden Fragen laut, was es zu bedeuten habe, daß Porzellan ohne Marken verkauft werde, das auch noch genauestens ostasiatische Stücke nachahme. Selbst wenn Lemaire es ganz ehrlich als Meißner Kopien verkauft hätte, konnten später andere skrupellose Weiterverkäufer den Betrug ohne Schwierigkeiten verüben; und leicht wäre der gute Ruf der Manufaktur in Gefahr gewesen. August war außer sich vor Zorn. Nicht, daß er moralische Bedenken gehabt hätte, aber es bedrückte ihn, daß er für die gelungenen Stücke keinen Ruhm ernten würde, falls die Meißner Marken fehlten.

Dennoch gelang es Hoym mit Druck und Bestechung, unbemerkt große Mengen Porzellan ohne Markenzeichen aus der Manufaktur hinauszuschaffen. Andere Stücke wurden auf der Glasur mit den gekreuzten Schwertern gekennzeichnet, so daß sie leicht wieder entfernt werden konnten. Es spricht für die außergewöhnliche Kunstfertigkeit der Porzellanmaler in Meißen, wenn die scharfen Augen heutiger Sammler keinen Unterscheid zwischen diesem Porzellan und den japanischen Originalen erkennen können.

Doch Hoym und Lemaire reichte es noch nicht, mit dem Verkauf gefälschten japanischen Porzellans ein Vermögen zu machen. Sie heckten einen noch gefährlicheren Plan aus: Sie wollten das Rezept der Porzellanherstellung in ihren Besitz bringen und es nach Frankreich verkaufen.

Wie jeder prachtliebende Monarch Europas hatte auch Ludwig XV. ein Faible für Porzellan. Nachdem er von Augusts Manufaktur gehört hatte, die echtes Porzellan herstellte, wollte er unbedingt ein ähnliches Unternehmen fördern, das einmal jenes in Sachsen in den Schatten stellen sollte. Später wird er die Manufaktur von Vincennes unterstützen, eine Fabrik für Weichporzellan. Sie wurde 1738 gegründet, 1756 nach Sèvres verlegt und gelangte 1759 in königlichen Besitz (Manufacture royale). Wie die Meißner Manufaktur existiert sie noch heute. 1730 brachten die französischen Fabriken wie die in Saint-Cloud und Chantilly nur Weichporzellan zustande. Der hinterhältige Lemaire wußte, daß Ludwig XV. alles daransetzen würde, um in den Besitz des Arkanums für Porzellan zu gelangen – zu fast jedem Preis.

Aus diesem Grund gewährte Hoym seinem Komplizen das außergewöhnliche und unerhörte Vorrecht, sich auf der Albrechtsburg frei zu bewegen, die Massebereitung und den Produktionsprozeß zu beobachten, was für jeden anderen Außenstehenden streng verboten war, egal, welchen Rang er hatte. Doch Lemaire konnte das Geheimnis nicht entschlüsseln. Die beiden sahen ein, daß sie fachmännische Hilfe brauchten. Ihre Wahl fiel ausgerechnet auf den unglückseligen Samuel Stöltzel, der zu den ältesten, aber auch zu den leicht zu verletzenden Mitarbeitern der Manufaktur zählte. Regelmäßig wurde er zu anstrengenden Befragungen in das Dresdner Palais des Manufakturdirektors gerufen. Der arme Stöltzel konnte auf Dauer den Aufforderungen, das Geheimnis preiszugeben, nicht widerstehen, auch wenn ihm nicht verborgen blieb, was da vor sich ging.

Doch dann wurden Hoym und Lemaire unvorsichtig und beschlossen, Porzellanerde für ihre eigenen Versuche zu stehlen. Das Komplott flog auf, als der Wachkommandant, zuständig für die Sicherheit der Manufaktur, bemerkte, daß offenbar Brennholz aus der Burg entwendet wurde. Er ließ daher die Wachen zur Nacht verdoppeln. Er brauchte nicht lange zu warten. Eines Nachts bemerkten die Wachen, die an den unteren Wallanlagen der Burg patrouillierten, eine schattenhafte Gestalt. Sie nahmen aber keinen Holzdieb fest, sondern die Magd des Ratsmitglieds Nohr. Bei sich trug sie einen Sack mit Porzellanerde. Nach langen Verhören beschuldigte sie schließlich Hoym.

Als die beunruhigende Nachricht den Hof erreichte, ordnete August die Verhaftung Hoyms und Befragung aller Arbeiter in einer Schlüsselstellung auf der Albrechtsburg an. Bald stellte sich heraus, daß Höroldt, der wachsame Leiter der Malerwerkstatt, die ganz Zeit gewußt hatte, was vor sich gegangen war. Doch da er meinte, Hoym würde um so tiefer stürzen, je mehr auf dem Spiel stand, hatte er sich von allem ferngehalten, ohne etwas zu sagen, und den Dingen ihren Lauf gelassen. Nun wurde er zu der Affäre gehört, und schnell belastete er Hoym endgültig. Danach ging er zurück in seine Werkstatt und wartet geduldig auf seine Belohnung.

Der Kurfüst ordnete auch eine Durchsuchung von Hoyms Palais an. Bald hatten die Wachen ein Versteck mit fast 1600 Porzellanstücken entdeckt – die Lemaire zu verkaufen gedacht hatte. In dessen Haus wurden übrigens 3000 Stücke gefunden. Viele waren noch nicht bemalt, wahrscheinlich sollten sie im ostasiatischen Stil in Sachsen oder sonstwo in Europa dekoriert werden. Weitere Untersuchungen ergaben, daß Hoym in politische Intrigen verwickelt war und wichtige politische Informationen an den französischen Hof geliefert hatte.

Stöltzel hatte das Hoymsche Palais regelmäßig besucht. Nun wurde auch er verhaftet. Er gestand, daß man ihn eingehend nach dem Geheimnis der Porzellanherstellung befragt habe. Doch sah es danach aus, als hätten seine Mitteilungen nicht ausgereicht, um Lemaire das Geheimnis preiszugeben. Schließlich wurde er entlassen und durfte seine Arbeit wieder aufnehmen. Der Erzgauner Lemaire war kaltblütig genug, seiner Bestrafung zu entgehen; allerdings wurde er umgehend des Landes verwiesen.

Hoym erging es schlechter. Er kam ins Gefängnis von Waldheim. Einsam und verlassen hat er sich zwei Jahre später nach einem mißlungenen Versuch, sich zu erschießen, schließlich erhängt. Pöllnitz schrieb über seinen Tod: »Besagter Graf wurde von Gewissensbissen gequält. Und da er sah, daß alle seine Schelmenstücke offenbar waren, was ihn marterte, wollte er die Strafe verkürzen, indem er seinem Leben ein Ende setzte [...] Er schützte eine Erkrankung vor, befahl seinen Dienern, ihn nicht zu stören. Am 21. April erhängte er sich mit Hilfe eines Tuches, das er an einen Haken für seinen Spiegel gebunden hatte.«

Die Schwere des Lemaire-Hoym-Skandals zwang August zu entschlossenem Handeln. Am 1. Mai 1731 besuchte er die Manufaktur ohne sein übliches großes Gefolge, um sich von der Lage ein Bild zu machen. Und er suchte nach der besten Möglichkeit, die in den vergangenen Jahren entstandene Situation wieder in den Griff zu bekommen.

Er gelangte zu der Einsicht, daß er die Leitung seiner Manufaktur nicht länger anderen überlassen konnte. Daher übernahm er sie selbst. Er ernannte eine Kommission, die aus drei Beratern bestand; sie sollten ihm direkt Bericht erstatten. Die Kommissionsmitglieder gehörten dem Hof an und hatten so gut wie keine praktische Erfahrung mit den Schwierigkeiten der Porzellanherstellung. Der erste Nutznießer dieser Neuordnung war, wie er es erwartet hatte, Höroldt, den der Kurfürst nun zum künstlerischen Leiter der Manufaktur im Rang eines Hofkommissars ernannte.

Daraus ergaben sich für Höroldt beträchtliche Vorteile Er wurde nun mit »Exzellenz« angeredet, ein Vorrecht, über das jemand große Genugtuung empfunden haben muß, dessen Gedanken stets um seine gesellschaftliche Stellung gekreist waren. Er erhielt eine repräsentative Wohnung in den Kurfürstenzimmern im ersten Stock der Albrechtsburg. Und er hatte das Recht, am Hof zu erscheinen, wo er bald die Ränke mitbekam. Sogar die besten Plätze durfte er bei seinen Besuchen von Theateraufführungen verlangen. Die größte Auszeichnung und Ausdruck kurfürstlichen Vertrauens aber war, daß er in das Geheimnis der Porzellanherstellung eingeweiht wurde.

Die neue Unterkunft in der Albrechtsburg bot Höroldt den passenden Rahmen für eine geradezu fürstliche Lebensweise. Auf Kosten der Manufaktur ließ er die Räume aufwendig erneuern, ja, er ging zum Verdruß Augusts so weit, die umlaufenden alten Steinbänke in der großen Halle zu entfernen, um Raum für »Gast- und Schmausereyen« zu gewinnen.

Die Untersuchungen der Lemaire-Betrügereien hatten auch ans Licht gebracht, welche ungeheuren Summen an Höroldt gezahlt worden waren. Nach einigen Abrechnungen soll er pro Jahr 4000 Taler erhalten haben – selbst für ein Führungsmitglied der Manufaktur ein unglaublich hohes Entgelt. Zwar bezahlte Höroldt davon die Löhne und andere Personalkosten seines Betriebs, aber das war wenig im Vergleich zu seinem eigenen Einkommen. Daher sah der neue Vertrag eine Festanstellung Höroldts vor. Sein Gehalt wurde zunächst auf 600, dann auf 1000 Taler jährlich festgesetzt, immer noch eine sehr große Summe, aber doch deutlich weniger als zuvor. Die bittere Pille wurde durch die bedeutende Stellung und die fürstliche Wohnung versüßt. Allerdings war sein geringeres Einkommen nicht gerade ein Ansporn für seine künstlerische Arbeit. Mit gerade einmal 35 Jahren brauchte er auch nicht mehr selbst den Pinsel in die Hand zu nehmen.

Am 1. Juni 1731 zog Höroldt in seine prächtige Wohnung ein und genoß die Vorteile seiner neuen Position. Zwei Wochen später, am 15. Juni, kam ein neuer Mitarbeiter, den Höroldt nicht kannte. Damit begann eine Entwicklung, die schließlich Höroldts anscheinend unangreifbare Vorherrschaft in Frage stellen sollte.

6. Ein Universum der Phantasie

Summa Summarum, es kann alles von Porcellain ge-
macht und geschaffet werden, was man nur begehret; ist's
zu groß, macht man's von zwei Stücken; welches aber
Niemand so wohl einsehen kann, als der die Modelle ma-
chet, wodurch man alles, was unmöglich scheinet, nach
seiner Art und Weise erzwingen kann, welches ich auf-
richtig und mit Wahrheit melde.

Aus dem Bericht Johann Joachim Kaendlers
an die Manufakturkommission, 1739

Mit jedem Fortschritt, den seine Manufaktur erzielte,
wuchs Augusts Begeisterung für Porzellan, und seine Pläne für das Porzellanschloß wurden immer phantasti-
scher. Selbst das ärgerliche Spektakel um Hoym konnte
ihn nicht davon ablenken. Aufzeichnungen zu der Affäre
zeigen flüchtige Zeichnungen und Skizzen für das Porzellanschloß, die vom Kurfürsten selbst stammen und Einzelheiten der Themen und der Farbgestaltung für jeden
Raum festhalten. Auch als das volle Ausmaß des Skandals
schließlich aufgedeckt war, ließ er sein Ziel nicht aus dem
Auge und verleibte die bei Hoym und Lemaire beschlag-
nahmten Stücke seiner eigenen Sammlung ein.

Für den Kurfürsten war das Holländische Palais nicht
groß und exotisch genug, um die Sammlung, wie er sie
sich erträumte, angemessen aufzunehmen. Daher wurde
ein weitreichender Umbau beschlossen. Das Palais bildete drei Seiten eines Rechtecks, die den Innenhof umschlos-
sen. Nun sollte daraus ein japanischer Palast werden. Ein
vierter Flügel, der den Hof abschloß, wurde geplant. An-

stelle klassischer Karyatiden sollten gewaltige Statuen von lachenden und grimassierenden Chinesen die Torwege säumen und das Hauptgesims tragen. Gekrönt würde das Gebäude von konkav geschwungenen Dächern. Im Inneren sollte weitgehend Porzellan verwendet werden, so bei den Einfassungen der Türen und der Bögen. Ein Glockenspiel im Thronsaal, in der Kapelle der Altar, Heiligenfiguren und sogar die Orgel – alles sollte aus Porzellan sein. Die übrige Ausstattung war gleichermaßen verschwenderisch geplant. August dachte an Räume mit sechs Meter hohen Wänden, bedeckt mit Chinoiserien. Auf vergoldeten Konsolen, mit Plattformen verziert, sollten Porzellane ruhen. In jedem Raum, einer schöner als der andere, sollte das Porzellan von anderer Farbe sein.

Der weitgereiste Johann Georg Keyssler muß die Pläne bei seinem Besuch Dresdens 1730 gesehen haben, denn höchst erstaunt berichtet er: »Die Zimmer des ersten Stockwerkes werden mit lauter chinesischem und japanischem Porzellan gezieret sein. In die Zimmer des zweiten Stockwerkes kommt kein anderes als meißnisches Porzellan, und besteht das erste Zimmer in einer Galerie mit allerhand auch wohl einheimischen als ausländischen Vögeln und Tieren von purem Porzellan, in ihrer natürlichen Größe und ihren natürlichen Farben. An denjenigen Stükken, welche schon fertig sind, kann man die Kunst und die Schönheit nicht genug bewundern. Damit aber die Abdrücke der Tiere jederzeit rar und kostbar bleiben mögen, sollen die Formen derselben zerschlagen werden. Das zweite Zimmer soll mit vielerlei Arten Porzellan von Seladon-Farbe und Gold besetzt, die Wände aber mit Spiegeln und anderen Zieraten versehen werden. Das dritte Zimmer wird mit Porzellan von hochgelber Farbe mit Golde meublieret werden. Das vierte ist ein Saal, worinnen dunkelblaues mit Golde verziertes Porzellan Parade machen wird. Das fünfte Zimmer soll Porzellan von Purpurfarben mit Gold haben.« Es sei unmöglich, die große Menge Porzellans, sowohl aus dem Ausland als auch aus heimischer Produktion, die hier zu sehen sei, aufzuzählen. Allein die Tafelgeschirre seien eine Million Taler wert.

Die geplante Menagerie mit Tiergroßplastiken aus Porzellan stellte die Manufaktur vor große Probleme. Unter Höroldt hatte die Malerei Vorrang. Alle Formen, von der winzigen Teetasse bis zu den großen Vasen und Platten, waren vereinfacht worden, damit seine Malerei besser zur Geltung kam. Höroldt stellte klar, daß es im Grunde hier weder schöpferische Modellierkunst noch ungewöhnliche Skulpturformen gab. Kurz: In der Manufaktur war niemand in der Lage, derart komplexe Arbeiten durchzuführen, wie sie der Kurfürst verlangte.

Bisher war August mit Höroldts brillanter Malerei zufrieden gewesen und hatte nie beklagt, daß neue interessantere Dekore fehlten. Doch als sein Plan eines Porzellanzoos Gestalt annahm, verlangte er ungeduldig, daß ein geeigneter und geschickter Modelleur gefunden werde, der sowohl die Tiergroßplastik schaffen könne, die ihm vorschwebe, als auch die Angebotspalette der Manufaktur erweitere. Dafür kam natürlich nur ein erfahrener Bildhauer in Frage. Aber wer?

Zunächst nahm die Manufaktur Kontakt zu einem einundzwanzigjährigen Bildhauer mit Namen Johann Gottlieb Kirchner auf. Er traute sich zu, Porzellanfiguren zu entwerfen, entweder auf dem Papier oder als Modelle aus Holz oder Ton. Danach könnten die Gehilfen der Modelleure leicht Gußformen herstellen.

Doch Kirchners anfängliches Selbstvertrauen war ganz unberechtigt: Fatalerweise hatte er die Schwierigkeit seiner Aufgabe gründlich unterschätzt. Als ihm das klar wurde, war er bereits zu einem guten Lohn fest angestellt, so daß er sich nicht einfach davonstehlen konnte. Erste Versuche gingen völlig daneben, und nur sehr langsam machte er Fortschritte. Kirchner erhielt in einer Ecke der Dreherstube einen Arbeitsplatz. Seine Bemühungen und seine Rückschläge bekamen alle mit. Binnen weniger Wochen wurde der sogenannte Bildhauermeister zum Gegenstand der Spöttereien bei Modellierern und Lehrlingen. Er wurde derart mitleidlos lächerlich gemacht, daß die Arbeit für ihn unerträglich wurde. Nachdem er sich bei seinen Vorgesetzten beschwert hatte, teilte man einen Verschlag ab, um ihn von seinen Peinigern zu trennen.

Nach einer Reihe von Fehlschlägen gelangen ihm mehrere einfallsreiche Formen – eine muschelförmige Tasse, ein »Uhrgehäus mit feinen Zierrathen und aller Hand Figuren« und ein »Venus Tempel, ausgezieret mit aller Hand Figuren und Laub Werck«, aber auch erste monumentale Tiere und lebensgroße Statuen für das Palais des Kurfürsten. Aber selbst dann hörte der Ärger nicht auf. August war mit den Ergebnissen keineswegs zufrieden. Kirchners Tiere seien zu gekünstelt, zu steif und vor allem zu kraftlos. So hatte sich der Kurfürst das nicht vorgestellt.

Doch damit nicht genug, es mußten auch ernsthafte technische Schwierigkeiten bewältigt werden. Die übliche Porzellanmasse eignete sich schlecht für derart große Objekte; häufig gab es Risse und andere Mängel. Stöltzel änderte die Zusammensetzung und erzielte durch Hinzufügen von Sand eine körnigere Mischung. Doch nach wie vor waren die Arbeiten mit Fehlern übersät, so daß sie nicht glasiert werden konnten.

Monate nach Kirchners Ankunft in Meißen nahm das Verhängnis seinen Lauf. Ohne Aussicht, dem Kreuzfeuer aus Kritik und Spott zu entkommen, blieb er immer öfter der Arbeit fern, suchte Trost in Kneipen und Bordellen. Seit langem litt er an einer so schweren Geschlechtskrankheit, daß er um einen vierwöchigen Urlaub bitten mußte. Während er noch in Behandlung war, beschloß die Kommission seine Entlassung, da man mit seiner Arbeit und seiner Lebensführung höchst unzufrieden war. Der vom Unglück verfolgte Bildhauer muß erleichtert aufgeatmet haben, als er darüber informiert wurde, und verließ Meißen so schnell wie möglich. Am Hof des Herzogs von Weimar fand er als Steinbildhauer Arbeit.

Im Februar 1728, einen Monat vor Kirchners unrühmlicher Abreise, hatte die Kommission die Dienste eines anderen, sehr von sich überzeugten Bildhauers angenommen: Johann Christoph Lücke. Er war gelernter Elfenbeinschnitzer und entstammte einer alten Handwerkerfamilie. Soeben war er von Reisen durch Europa zurückgekommen. Er behauptete von sich, alle möglichen Materialien meisterlich bearbeiten zu können; seine zahlreiche Studien und Skizzen, die er auf seinen Reisen angefertigt habe, würden darüber hinaus reiche Motive für neuartige Dekore enthalten.

So beeindruckt war die Kommission von seinem Selbstvertrauen, daß sie ihn auf der Stelle als Modellmeister einstellte. Doch das Resultat war ähnlich katastrophal. Bald stellte sich heraus, daß Lücke keineswegs besser als Kirchner in Ton oder Holz modellieren konnte. Obwohl er von sich behauptet hatte, ein erfahrener Zeichner von Entwürfen zu sein, gab es nun solche Schwierigkeiten, daß seine Gehilfen erklärten, sie könnten danach nicht arbeiten. Schnell wurde also auch er zur Zielscheibe des Spotts. Als der Kommission die hoffnungslose Lage klar wurde, warf sie ihn ohne große Umstände hinaus.

Die Situation war derart verzweifelt, daß der Manufakturinspektor Reinhardt wieder den Kontakt zu Kirchner
suchte. Der lebte glücklich in Weimar, hatte sich offenbar
von seiner Krankheit gut erholt und war frisch verheiratet.
Zunächst lehnte er das Ansinnen, wieder in Meißen zu arbeiten, ab, was nicht verwundert. Schließlich bewegte ihn
die Aufforderung von höchster Stelle zur Rückkehr. Bei
seinem Entschluß wird aber auch die Aussicht eine Rolle
gespielt haben, daß er im Range eines Modellmeisters, also als Vorgesetzter aller Modellierer, eingestellt werden
sollte – dort konnte er nun Gleiches mit Gleichem vergel-
ten.

Während die Verhandlungen weitergingen, hatte der
enttäuschte Kurfürst in nächster Nähe einen anderen Kandidaten für den Posten des Chefmodellierers ins Auge gefaßt.

Zu den großartigsten Räumlichkeiten im Dresdner Re-
sidenzschloß zählt das Grüne Gewölbe, eine Schatzkammer, die auf den Herzog und späteren Kurfürsten Moritz,
einen Vorfahren Augusts im 16. Jahrhundert, zurückgeht.
Moritz hatte für seine Reichtümer vier Räume mit meter-
dicken Wänden, Eisentoren und Gewölben erbauen lassen; die Wände trugen einen smaragdgrünen Anstrich, daher der Name. August hatte die Schätze enorm vermehrt.
Da er der glänzendste Herrscher Europas sein wollte, beschloß er, die Räume zu erweitern, zu erneuern und sie für
Besucher zu öffnen, so daß sie die Schätze, die er geerbt
oder hier versammelt hatte, gehörig bewundern konnten.
Die Farben der neuen Räume sollten auf das Material der
Schaustücke abgestimmt sein, darunter Objekte aus Elfen-
bein, Bernstein, Silber, Gold, Lapislazuli, Achat, Perlmutt;
dazwischen Muscheln, Seychellennüsse (Coco de mer),
Straußeneier und Bergkristall. Die Hauptattraktion sollte

die Juwelenkammer werden, in der Edelsteine zusammen mit Johann Melchior Dinglingers großen Meisterwerken zu sehen sein sollten, unter ihnen ein Kaffeeservice aus purem Gold, geschmückt mit Tausenden von Diamanten, und der berühmte Tafelaufsatz aus Silber, Gold und Juwelen, der »Hofstaat zu Delhi am Geburtstag des Großmoguls Aureng-Zeb«.

Das Grüne Gewölbe sollte in der Tat das erste Museum für Kunsthandwerk werden. Doch August war nicht an einer akademischen Präsentation seiner Schätze interessiert. Er wollte sie vielmehr, wie es seiner großtuerischen Art entsprach, in einer Art Theaterschau vorführen. Jeder Raum war so ausgestattet, daß er großartiger als der vorherige wirkte. Wer die Räume durchschritt, mußte schließlich zutiefst von der Bedeutung und der Macht des Monarchen beeindruckt sein, dem die unschätzbaren Stücke gehörten. Es spricht für den außergewöhnlichen Weitblick Augusts, daß die Ausstattung, heute im Albertinum ausgestellt, noch immer Tausende von Besuchern täglich anlockt.

Regelmäßig schaute der Kurfürst nach dem Fortgang der Arbeiten. Dabei fiel ihm der junge Gehilfe des Hofbildhauers Benjamin Thomae auf, der damit beschäftigt war, Wandtischchen und Ausstellungsschränke zu fertigen. Seine Schnitzarbeiten waren hervorragend; dazu kam, daß er sehr flink war.

Daß die Manufaktur keinen guten Modellierer hatte, bereitete August Sorge. Er holte daher Erkundigungen über den ungewöhnlich begabten jungen Handwerker ein. Er hieß Johann Joachim Kaendler, war am 15. Juni 1706 geboren und entstammte überraschenderweise keiner Künstler- oder Handwerkerfamilie. Sein Vater war ein Pastor, der frühzeitig die künstlerischen Neigungen und das Interesse seines Sohnes für antike Mythen beobachtet hatte.

Der Junge war eine angenehme Erscheinung und hatte ein freundliches Wesen. In seinem runden intelligenten Gesicht war häufig ein schelmisches Lächeln zu sehen. Seine Eltern widersetzten sich nicht, als er erklärte, er wolle lieber eine künstlerische Laufbahn einschlagen, als seinem Vater in ein Kirchenamt zu folgen. Außerdem hatten einige Vorfahren als Steinmetzen gearbeitet. Und wenn man die großen Geldsummen bedachte, die der Kurfürst gegenwärtig für Bauten und Kunstwerke in der Hauptstadt ausgab, dann boten sich hier reichlich Arbeitsmöglichkeiten für einen Kunsthandwerker. Also gab der Vater seinen Sohn beim führenden Bildhauer am Dresdner Hof in die Lehre, bei Benjamin Thomae. Unter dessen aufmerksamen Augen machte er, wie der Kurfürst beobachtete, schnell Fortschritte und ließ die anderen Lehrlinge bald hinter sich, sowohl was seinen Einfallsreichtum als auch die rein technischen Kunstfertigkeiten anging.

Aber konnte sein Talent die Modellierproblem der Manufaktur lösen? Auf die Antwort war August sehr gespannt. Auf kurfürstlichen Befehl sollte er vorübergehend in der Manufaktur neben Johann Gottlieb Kirchner tätig werden. Nachdem er seine Arbeit im Grünen Gewölbe beendet hatte, meldete er sich auf der Albrechtsburg. Das war im Juni 1731.

Um Konflikte und Eifersüchteleien zwischen den beiden Männern zu vermeiden, erhielt Kaendler seinen Arbeitsplatz in einem ganz anderen Bereich der Manufaktur. Die beiden sollten ähnliche Aufgaben in Angriff nehmen, aber möglichst vom anderen unbeeinflußt bleiben. Wie seinerzeit Kirchner und dann Lücke hatte auch Kaendler bis dahin noch nie mit Porzellan gearbeitet. Doch anders als jene näherte er sich dem neuen Medium erstaunlich mühelos. Mit seinem natürlichen Charme nahm er bald Stöltzel für sich ein, der ihn wahrscheinlich mit den grundsätzlichen technischen Nachteilen des Materials vertraut gemacht hat. Schon nach wenigen Wochen hatte er den ersten Erfolg: Es entstand ein großer Adler, fast zwei Meter hoch, mit ausgebreiteten Flügeln, für die Porzellanmenagerie des Kurfürsten. Sein Vorbild war zwar ein Wappenvogel, aber die Ausführung zeigte Bewegung, Naturalismus und Dramatik. Als August ihn zum erstenmal sah, war er entzückt. Hier war jedenfalls einer, der beides hatte: eine Vision und die Kunstfertigkeit, sie Wirklichkeit werden zu lassen.

Auf Anordnung des Kurfürsten wurde Kaendler als Modellmeister mit einem Jahresgehalt von 400 Talern eingestellt. Kirchner und Kaendler hatten nun denselben Titel, aber ersterer war nominell ranghöher. Später fand Kirchner heraus, daß er fast 100 Taler weniger als Kaendler erhielt, worüber er sich bitterlich beklagte. Daraufhin mußte sein Gehalt angehoben werden. Doch das zahlte sich nicht aus, vor allem als Kaendler mit unglaublicher Geschwindigkeit Tiere, Gegenstände und Statuen schuf. Binnen eines Jahres entstanden nach dem Adler zwei lebensgroße Fischadler, ein Seeadler, eine Schleiereule, ein Falke, ein Reiher und eine Petrusfigur für die Kapelle des Japanischen Palais.

Kaendler ließ Kirchner bald weit hinter sich, der 1733 verärgert und verbittert auf eigenen Wunsch die Manufaktur verließ, was seine Vorgesetzten nicht bedauerten. Kaendler hatte gezeigt, daß er allein die Modellierabteilung leiten konnte. Und ohne Kirchner gäbe es auch keine Konflikte und Rivalitäten mehr.

Leider übersahen sie den Umstand, daß es Hofkommissar Höroldt, zehn Jahre älter als Kaendler und Leiter der gesamten Manufaktur, gar nicht paßte, daß sich einer so mühelos in die Gunst des Kurfürsten und der Verantwortlichen setzte. Kaendlers bildhauerischer Stil war eine Gefahr für Höroldts Malerei, ja die neuen Ideen könnten vielleicht einmal den Vorrang Höroldts in Frage stellen. Um seine eigene Position abzusichern, wollte Höroldt deshalb Kaendler behindern, wo es nur möglich war.

Damit war der Schauplatz für den letzten Machtkampf der Titanen der Porzellanwelt bereitet.

III Porzellankriege

Johann Joachim Kaendler
(Silhouette, 1740)

1. Die letzte Reise

*Alle sagen, daß er so woll und gesundt ist als ein junger
Adler. Er soll Medicine haben von einem Franzosen bekommen. Das hätte ihn wieder gantz neue gemacht, so
wie er vor zwantzig Jahr gewesen. Dieses ist keine Histo-
rie vom Fischmarkt, es ist gewiß!*

Friedrich Wilhelm I.
über August den Starken, 1732

Im Herbst 1732 nun verschaffte sich der Kurfürst einen
Überblick über den Fortgang der Arbeiten im Japanischen Palais. Er war nun 62 Jahre alt, und die Exzesse seines ausschweifenden Lebens waren nicht spurlos an ihm
vorübergegangen. Wahrscheinlich ließ er sich in einer mit
rotem Samt ausgeschlagenen und goldverzierten Sänfte
zum Palast jenseits der Elbe tragen.

August war nicht mehr die kraftstrotzende Erscheinung
von einst. Sein Körper war vom übermäßigen Weingenuß
und schweren Essen aufgeschwemmt, seine Beine waren
entzündet und gichtbrüchig. Nach einem Jagdunfall hatte
ihm vor Jahren ein Chirurg zwei Zehen amputieren müssen. Doch sein Auftreten hatte sich nicht geändert. Seine
Kinnpartie mochte jetzt etwas massiger sein, aber er war
nach wie vor eine »majestätische Erscheinung«, so die
neunzehnjährige preußische Prinzessin Wilhelmine, die
ihn 1728 in Berlin gesehen hatte – vielleicht hätte sie anders geurteilt, hätte sie von den geheimen Plänen gewußt,
sie mit dem alternden Wüstling zu verheiraten. Ihr Bruder
Friedrich, der preußische Thronfolger (der spätere Friedrich der Große), war ebenfalls von der Höflichkeit und der

Weltgewandtheit des Kurfürsten beeindruckt, auch wenn man den kaum verstehen konnte, da er so viele Zähne verloren hatte.

Friedrich war auch nicht entgangen, daß der Kurfürst trotz seines Alters wie ein junger Mann tanzte und noch anderes unternahm. Augusts sexuelle Kraft und seine Lust auf die schönen Dinge des Lebens blieben ihm bis zu seinem Ende erhalten.

Die kurze Reise durch die Straßen seiner Hauptstadt wird ihn wohl am Zwinger vorbeigeführt haben – dem großartigen Festspielplatz mit Galerien und Pavillons; hier fanden regelmäßig musikalische Aufführungen, Tierkämpfe und Militäraufzüge statt, nicht nur zur Unterhaltung des Hofes, sondern auch, um zu Besuch weilende Würdenträger zu beeindrucken. Dann ging es über die große Steinbrücke, 166 Meter lang und 11 Meter breit, die die Altstadt mit der Neustadt am rechten Ufer der Elbe verbindet, entlang an zahlreichen jüngst errichteten Steinfassaden. Dieser Teil der Stadt war in den frühen Jahren seiner Herrschaft durch Feuer verwüstet worden. Mit zehnjährigem Steuererlaß für jeden, der hier baute, und strengen Baugesetzen hatte er es erreicht, daß zahllose neue Gebäude in einem einheitlichen Architekturstil entstanden waren. Mit Stolz wird er daran gedacht haben, daß sich in den 38 Jahren seiner Herrschaft Dresden von einer unbedeutenden Renaissancestadt in eine der schönsten Kapitalen der Welt verwandelt hatte, Ziel wohlhabender und adliger Reisender. Sogar der preußische König hatte anerkennend festgestellt, daß es am Hofe Ludwigs XIV. nicht luxuriöser zugegangen sein könnte.

Im Japanischen Palais betrachtete August zufrieden die Innendekorationen und die neuen Lieferungen der Manufaktur. Allmählich nahm sein Traumpalast Gestalt an.

Zahlreiche Porzellantiere für die obere Galerie waren bereits per Schiff aus Meißen eingetroffen. Der Kurfürst untersuchte gründlich jede Figur. Zoologie faszinierte ihn, und so unterhielt er auch ein Tiergehege beim nahen Jägerhof. Viele dieser Tiere stammten aus Afrika; eine Expedition dorthin hatte er finanziell unterstützt. Auf der Moritzburg gab es ein Vogelhaus mit exotischen Vögeln. Außerdem unterhielt er eine Sammlung ausgestopfter Tiere und verschiedener anderer Kuriositäten aus der Natur. Daher konnte er auch den außergewöhnlichen Naturalismus von Kaendlers Arbeiten beurteilen, Ergebnis stundenlanger Beobachtung, bei der der Künstler auch nach der Natur gezeichnet hatte. So ist die Basis einer Storchenfigur aus Schilf und einem Lilienpolster gebildet, darauf ein Frosch und Schnecken. Ein großer Pelikan beugt schwungvoll den Kopf zurück, den Schnabel geöffnet, um einen schuppigen Fisch zu verschlingen. Ein aufgeplusterter Geier mit dünnem Hals frißt ein sehniges Stück Fleisch. Niemals waren Porzellanarbeiten derart lebensecht geraten.

Bald nach seinem Besuch im Japanischen Palais riefen eilige Staatsgeschäfte den Kurfürsten nach Polen. Der polnische König wurde traditionellerweise gewählt. Doch gegen Ende seines Lebens wollte August die Thronfolge in Polen an das sächsische Herrscherhaus binden. Bevor er nach Warschau aufbrach, stattete er der Meißner Manufaktur noch einen kurzen inoffiziellen Besuch ab. Es sollte sein letzter sein. Am 8. November 1732 traf er auf der Albrechtsburg ein. Unübersehbar waren die Veränderungen, die er seit der Übernahme der Oberaufsicht herbeigeführt hatte.

Er besichtigte die neuen Malerzimmer, die Brennöfen und das Warenlager, alles war größer und geräumiger, um mit den gewaltigen Aufträgen für das Porzellanschloß Schritt halten zu können. Ein Aufzug für Brennholz war errichtet worden. Das pferdegetriebene Förderband führte vom Landungsplatz der Flöße an der Elbe direkt in die Keller der Burg. Das würde die Kosten für die ungeheuren Mengen Holz senken, die man für die neuen Öfen brauchte. Ein Arzt kümmerte sich um die Gesundheit der Arbeiter. Die Rauchschwaden der Brennöfen waren sehr giftig, Erkrankungen der Atemwege häufig. Wer ständig dem Rauch ausgesetzt war, erreichte selten ein mittleres Lebensalter.

Während der Kurfürst zur Inspektion weilte, wurde auch ein neukonstruierter Brennofen probeweise in Betrieb genommen. Als man den Ofen öffnete und routiniert die Brennkapseln herausräumte, hat sich August vielleicht an den spannenden Moment vor fast einem Vierteljahrhundert erinnert: Damals hatte ihm Böttger in rußbedeckten Lumpen vor seinem primitiven Ofen das erste echte europäische Porzellan überreicht.

Böttgers Porzellan hatte nicht nur die kurfürstlichen Schlösser verschönert, es hatte auch mehr Geld gebracht als jede andere Industrie des Landes. Das Porzellanfieber des Kurfürsten und Böttgers Suche nach dem Alchimistengold hatten einen vorbildlichen Wirtschaftszweig und Europas höchst spezialisiertes, produktivstes und leistungsfähigstes Unternehmen geschaffen.

Einige Tage später verließ August Dresden und begab sich auf die Reise nach Polen. Als er bedächtig und vorsichtig die königliche Equipage bestieg, müssen seine Diener bemerkt haben, daß es ihm schlechter denn je ging. Die alte Fußverletzung hatte sich wieder entzündet, seine Beine waren stärker geschwollen. Hofärzte hatte ihn mit verschiedenen Medikamenten behandelt und ihn zur Ader gelassen. Auch hatten sie ihn gewarnt, daß sich sein Zustand nicht verbessern werde, wenn er seinen Lebenswandel nicht ändere. Wie immer hörte der Kurfürst nicht auf seine Ärzte. Möglicherweise litt er an Diabetes, einer Krankheit, die man damals noch nicht kannte. Eines der Symptome sind Entzündungen der Füße, was leicht zu einer Blutvergiftung führen kann.

Auf seinem Weg nach Warschau durchquerte August auch preußisches Gebiet. Hier traf er sich, wie verabredet, mit einem Ratgeber des preußischen Königs, mit General Friedrich Wilhelm Grumbkow, um mit ihm einige seiner politischen Pläne zu besprechen. Nach dem Willen des Soldatenkönigs, Friedrich Wilhelms I., sollte Grumbkow den Kurfürsten gründlich aushorchen. Aus diesem Grund veranstaltete der General ein gewaltiges Trinkgelage, wobei August große Mengen Wein vorgesetzt wurden, während Grumbkow unbemerkt nur Wasser trank. Für August war es die letzte Zecherei – sein Körper vertrug nicht länger ein solches Übermaß. Kurz nach seiner Ankunft in Warschau fiel er ins Delirium und schließlich in ein Koma, von dem er sich nicht mehr erholte.

Einen solchen Tod hatte sich August gewiß nicht gewünscht. Denn als er 1723 gerüchtweise hörte, daß den Herzog von Orléans, Philipp II., der Tod beim Liebesakt mit seiner Mätresse ereilt habe, soll er ausgerufen haben: »Oh, wenn ich auf diese Art sterben könnte!« Doch sein Ende war weniger schön. Trotz aller Bemühungen der Ärzte starb der König von Polen und Kurfürst von Sachsen am 1. Februar 1733, nachdem er gebeichtet hatte, daß sein ganzes Leben eine einzige Sünde gewesen sei.

Er wurde im Dom von Warschau aufgebahrt und in Krakau zu Grabe getragen, doch sein Herz wurde in einer silbernen Kapsel nach Dresden gebracht. Bis heute wird es in der katholischen Hofkirche aufbewahrt, die sein Sohn erbauen ließ. In Dresden gibt es das Gerücht, daß es zu schlagen beginne, wenn ein hübsches Mädchen vorbeigehe.

Auf August den Starken, den Verführer so vieler Frauen, folgte sein Sohn, August III., als Friedrich August II. Kurfürst von Sachsen. Seine körperliche Kraft soll wie die seines Vaters gewesen sein. Doch in Temperament, Geschmack und Erscheinung konnte der Gegensatz nicht größer sein.

Seit der prächtigen Hochzeitsfeier von 1719 war er glücklich mit Maria Josepha von Habsburg verheiratet. Das Paar hatte vierzehn Kinder. Mätressen scheinen ihn nicht interessiert zu haben. Nathaniel Wraxall, der den Dresdner Hof besuchte, faßte die herrschende Meinung in den Worten zusammen: Ihm fehlten »die Unternehmungslust, der Ehrgeiz und das Auftreten seines Vorgängers«; er war »freundlich, träge und kraftlos«. Horace Walpole ging noch weiter und beschrieb das fürstliche Paar als »so scheußlich und bösartig, daß man es weder glauben noch sich vorstellen kann«.

Doch der Hofstaat des neuen August war nicht ohne Kolorit; er spiegelte nur ganz andere Vorstellungen wieder. Die Leidenschaft des Kurfürsten waren nicht Porzellan und schöne Frauen, sondern Kunst, Geschmeide und die Oper. Um ihr zu frönen, gab auch er große Summen Geldes aus, etwa für die Sammlung niederländischer und italienischer Maler, die als die beste Nordeuropas galt. Seine bekanntesten Erwerbungen stammten aus der herzoglichen Sammlung von Modena, darunter etliche Meisterwerke von Raffael, Rubens und Correggio, für die er die stolze Summe von 500 000 Talern zahlte; allein die berühmte Sixtinische Madonna von Raffael kostete 20 000 Taler. Geschmeide waren eine andere Passion. Für einen grünen Diamanten, den einzigen seine Art, gab er 200 000 Taler aus – den funkelnden 41-Karat-Stein trug er dann an seiner Kopfbedeckung.

Ähnlich unerhörte Summen verwendete er für den weniger beständigen Luxus von Opernaufführungen. Ein musikalisches Ausstattungsstück verschlang 100 000 Taler, wozu der stets knauserige Preußenkönig Friedrich Wilhelm I. meinte, das sei mehr Geld, als man brauche, um den ganzen Berliner Hof ein Jahr lang zu ernähren.

Während er sich solchen Vergnügungen hingab, kümmerte sich Friedrich August kaum um die Politik. Er hatte nicht den Ehrgeiz seines Vaters, die Vorherrschaft Sachsens in Deutschland zu festigen. Die Regierungsgeschäfte überließ er so schnell wie möglich seinen Günstlingen – allen voran Heinrich Graf von Brühl.

Porzellan interessiert Friedrich August nicht besonders. Es taugte für Tafelaufsätze oder für fürstliche Geschenke. Die Manufaktur in Meißen war für den Kurfürsten lediglich eine Quelle des Geldes, mit dem er andere Luxusgüter erwerben konnte. Er war ganz froh, daß andere sich um die Leitung kümmerten. Wie die Staatsgeschäfte übernahm Graf von Brühl alsbald auch das Management des ertragreichsten Unternehmen des Landes.

Brühl war ein unbesonnener Politiker – seine Außenpolitik brachte das Land in politische Schwierigkeiten –, doch sein Kunstgeschmack entsprach durchaus dem des letzten Kurfürsten. Er liebte teure Kleidung, von der man in ganz Europa sprach. Ein Besucher seines Palais berichtet, daß er mindestens 300 verschiedene Gewänder besaß, und zwar jedes in doppelter Ausführung, da er die Kleidung nach dem Abendessen zu wechseln pflegte. Sie waren mit dazugehörigem Spazierstock und Schnupftabaksdose in einem großen Buch abgebildet, das Seiner Exzellenz jeden Morgen vom Kammerdiener vorgelegt wurde, damit er sich das für den jeweiligen Tag passende Gewand auswählen konnte. Außerdem hatte er auch eine Schwäche für Porzellan. Für den Manufakturdirektor war nun der Weg frei, seiner Leidenschaft zu frönen – und damit kamen die Aufträge für sein Palais herein.

Im Gedenken an den letzten Kurfürsten ließen Friedrich August und Brühl die Arbeiten am unvollendeten Japanischen Palais fortsetzen – solange die Manufaktur die Produktion für den Verkauf und natürlich für das Brühlsche Palais aufrechterhielt.

In den folgenden Jahren zogen sich die Arbeiten am Porzellanschloß in die Länge. Kaendler formte nach wie vor Tierplastiken. Dann begann eine andere Glanzleistung, die Arbeit am wundervollen Glockenspiel, einem Doppelmanual in einem Lindenholzkasten, sorgfältig von Kaendler geschnitzt, mit Reihen unglasierter Porzellanglocken. Das fertige Instrument, 1737 zusammengesetzt, hat wunderbarerweise die Bombardierung Dresdens überstanden und kann heute im Porzellanmuseum der Stadt bewundert werden.

Doch allmählich erlahmte der gute Wille Friedrich Augusts, und die Arbeiten am Japanischen Palais kamen zum Erliegen. Das Porzellanschloß sollte unvollendet bleiben. Zu guter Letzt wurden die unbezahlbaren Stücke im Keller gelagert. Im Gebäude selbst richtete man eine Bibliothek ein. Heute beherbergt es in seltsamem Kontrast zu Augusts ausschweifendem Leben ein Museum für Anthropologie und Vorgeschichte; die Chinoiserien der Wände sind übertüncht, in der Eingangshalle stehen Kajaks und

Auslegerboote. Nur das geschwungene Dach und die glucksenden Chinesenfiguren erinnern spöttisch und zugleich ergreifend an die exotischen Sehnsüchte Augusts.

Die Arbeiten am Japanischen Palais ruhten, die Aufträge Brühls nahmen zu. Der Graf bewunderte die Werke des jungen Kaendler und förderte dessen künstlerische Begabung nach Kräften. Des Bildhauers wachsender Ruhm nagte an dem Höroldts, dessen Ideen allmählich altmodisch wirkten. Höroldt jedoch gab seine Dekore nicht auf. Allerdings merkte er, daß er seinen Ruf dringend aufmöbeln mußte, und zwar vor allem auf Kosten Kaendlers.

Zunächst mischte er sich in die Produktion der großen Tierplastiken ein. Trotz aller Anstrengungen Stöltzels, den Masseversatz zu ändern, waren die Figuren nach wie vor mit Rissen überzogen. Kaendler war deswegen nicht weiter beunruhigt, da er spürte, daß die Kraft des Ausdrucks die technischen Fehler mehr als ausglich. Obwohl Höroldt genau wußte, daß Kaendler seine Figuren weiß haben wollte, als seien sie aus Alabaster, gab er seinen Malern die Anweisung, die Risse mit Gips auszufüllen und die Figuren in strahlenden ungebrannten Farben zu bemalen.

Kaendler war außer sich. Die Figuren wirkten nun geschmacklos, ihre Feinheit und ihr Realismus waren dahin. Doch seine Proteste verhallten ungehört. Zu seinem großen Verdruß mußte er erleben, daß Höroldt mit der Hilfe seiner Freunde in der Kommission sogar kurfürstliche Unterstützung für seine Eingriffe erlangte.

Der Vorgang bezeichnet den Anfang wachsender Mißstimmung zwischen den beiden wichtigsten Persönlichkeiten der Manufaktur. Von nun an sprachen sie kaum miteinander. Und es gab nur noch Anhänger des einen oder des anderen. Als die Spannungen wuchsen, wurde auch immer deutlicher, wie unterschiedlich beide ihre Untergebenen behandelten.

Anders als Höroldt regte Kaendler seine Gehilfen stets an, eigene Vorstellungen zu entwickeln. Machten sie Fortschritte, half er ihnen, Schwierigkeiten zu überwinden. Er erreichte, daß alle Lehrlinge, auch die Höroldts, gut im Zeichnen ausgebildet und ihre künstlerischen Eigenarten gefördert wurden. Er hielt sogar in seinem eigenen Heim Zeichenstunden ab und setzte einen Preis für den besten Schüler aus. Im Unterschied zu Höroldt beschäftigte er gut ausgebildete Mitarbeiter, und einige seiner begabten Modellierer entwickelten sich unter seiner Anleitung hervorragend.

Je mehr sich Kaendler in seine Arbeit vertiefte, um so origineller waren seine Einfälle. Nichts war ihm zu schwierig oder zu ausgefallen. Kurzerhand warf er alle künstlerischen Konventionen über Bord. Sein Tafelgeschirr und seine Schmuckelemente waren von unglaublicher Neuheit: Affen und exotische Vögel als Teekannen; Zuckerstreuer in Gestalt von jungen Hähnen, auf denen Frauen reiten; Bäume mit Ästen, darauf Girlanden bunter Vögel, als Kerzenleuchter. Daneben gab es kleinere Stücke für weniger wohlhabende Käufer: Schlüsselringe, Augenbäder, Griffe für Spazierstöcke, Schnupftabaksdosen, Fingerhüte, Nadelbüchsen, ja sogar Nachttöpfe.

Während Kaendler und sein Team Neuheiten ersannen, mußte sich Höroldt, wie er befürchtet hatte, damit bescheiden, seine Mitarbeiter mit immer den gleichen Arbeiten zu beschäftigen: Endlos wurden Gebrauchsgeschirre mit blauweißen Dekoren, Blumen oder klassischen Landschaften bemalt oder die großartigen Plastiken Kaendlers koloriert. Der neuesten Mode entsprach nun nicht mehr die Porzellanmalerei, sondern die plastische Form. Und mit dieser Entwicklung war die führende Persönlichkeit der Manufaktur nicht Höroldt, sondern Kaendler.

Die Rivalität zwischen beiden Lagern erreichte ihren Höhepunkt, als Graf Brühl ein großes Tafelgeschirr bestellte, das Kaendler entwerfen sollte. Am sogenannten Schwanenservice wurde annähernd vier Jahre gearbeitet; es ist eines der größten, die je hergestellt wurden. Es besteht aus 2200 Einzelteilen. Die Motive entstammen der Welt des Wassers. Die Idee könnte auf die Grotte Permosers im Zwinger zurückgehen, auf das Nymphenbad. Die Grotte ist übersät mit Figuren, die Gottheiten, Satyre und Fischungeheuer darstellen, bekränzt mit Girlanden aus Muscheln und Meerespflanzen. Viele dieser Schmuckelemente hat Kaendler für das Tafelgeschirr Brühls verwendet: Muschelstreifen, nistende Schwäne, Nymphen, springende Delphine, Wassernixen, junge Meergötter. Sogar die kuppelförmigen Terrinen erinnern mit ihrem plastischen Schmuck an einen Strand bei Ebbe, bedeckt mit Muscheln und Korallen, die wie Edelsteine glänzen.

Höroldts Anteil an diesem Renommierstück bestand darin, seine Maler anzuweisen, jedes Stück mit dem Wappen zu versehen, Einzelheiten des plastischen Schmucks zu bemalen, hier und da Blumen mit Farbtupfern herauszuheben und die Ränder zu vergolden. Der plastische Schmuck, so hatte es Kaendler gewollt, war so hervorragend geraten, daß keine Malerei seine Wirkung noch erhöhen konnte — die Oberfläche sollte zum größten Teil in reinem Weiß erstrahlen. Die Skulptur hatte den Sieg davongetragen.

Die Spannungen zwischen beiden Parteien nahmen noch zu, als Kaendler und seine Leute bei der Kommission formal Beschwerde erhoben, Höroldts Oberaufsicht sei wenig effektiv und die ungleiche Bezahlung offenkundig ungerecht. Denn Modellierer erhielten weit weniger als Maler, obgleich ihre Tätigkeit nun viel wichtiger war. Doch Höroldt hatte stets darauf hingewiesen, daß das Augenlicht der Maler unter der feinen Detailarbeit leide und ihre Lebensarbeitszeit daher kürzer sei. Inspektor Reinhardt, der ständigen Klagen über die launenhafte und ungerechte Leitung Höroldts überdrüssig, ergriff Partei für Kaendler. Sie stellten eine Liste mit Mißständen zusammen – vermutlich in der Hoffnung, das würde die Kommission beeindrucken und Höroldt die Stellung kosten.

Höroldt, so erklärten sie, vergeude Geld und setze seine Maler nicht richtig ein. Die schlechte Ausbildung führe zu minderwertigen Produkten. Höroldt war so erzürnt, daß er seine Arbeiter aufforderte, den frischen Farbschmuck des Schwanenservice wieder zu entfernen. Sogar die alte Geschichte mit Köhlers gestohlenem Rezeptbuch wurde aufgewärmt als Beleg für Höroldts Bösartigkeit.

Höroldt rächte sich, indem er seinerseits Reinhardt des Betrugs beschuldigte und seine sofortige Verhaftung verlangte. Obwohl es keine Beweise für Höroldts Behauptung gab, mußte Reinhardt für vier Jahre ins Gefängnis. Das Ablenkungsmanöver hatte den erwünschten Erfolg: Reinhardts Zuverlässigkeit wurde in Zweifel gezogen; die Beschwerden über Höroldt reichten nicht aus, um etwas gegen ihn zu unternehmen; und Kaendler erhielt einen Verweis, da er in die Affäre verwickelt gewesen war.

Zwar war Höroldts Verwaltungsherrschaft noch nicht vorbei, aber künstlerisch, das sah er selbst nur zu gut, war er am Ende. Keiner wollte gemalte Chinoiserien. Kaendlers Entwürfe waren da viel aufregender. So lange hatte die Erfindungsgabe seines Rivalen sein eigenes Talent verdunkelt. Nun aber war die Niederlage Höroldts ständiger Begleiter. Und er würde alles in seinen Kräften Stehende tun, um es ihm heimzuzahlen.

2. Das Porzellanregiment

Träge dösen sie über ihren Geldtruhen und ihren Fleischtöpfen, möchten gerne Böses für Gutes halten und sagen: »Es wird schon werden«, während gar nichts wird – so kommt es, daß geachtete Völker schließlich von Leuten wie Brühl regiert werden [...] Die Götter wissen es besser! – Es ist jetzt der 13.; der Alte Dessauer [Fürst Leopold I. von Anhalt-Dessau] maschiert Stunde für Stunde Richtung Dresden und irgendeiner Schlacht entgegen.

Thomas Carlyle, 1858–1869

Am Morgen des 20. Juli 1736, als gerade der Posten der Albrechtsburg das Morgensignal blies, vernahmen die Schildwachen am Burgtor verdutzt sich nähernde Marschschritte. Minuten später hatte sich der Burghof vor der Manufaktur mit Soldaten in voller Montur unter der Führung eines Leutnants Pupelle gefüllt. Wichtigtuerisch erklärte er, daß sein Zug das alte Wachkommando, das hier seit Jahrzehnten für Sicherheit gesorgt hatte, ablösen solle. Die alte Wache setzte sich vor allem aus ehemaligen Soldaten zusammen, die wegen Invalidität aus dem Dienst geschieden waren. In den Augen der Kommission boten sie keine wirkliche Sicherheit. Ganz anders Pupelles Leute. Sie waren gut ausgebildet, an den aktiven Dienst gewöhnt und boten eine bessere Abschreckung, so daß jemand, der die Sicherheitsvorkehrungen der Manufaktur zu brechen gedachte, es sich bestimmt zweimal überlegen würde.

In den folgenden Wochen entpuppte sich Pupelle als ein ziemlich unangenehmer Mensch, der seine Stellung bis zum Äußersten ausnutzte. Er erließ verwirrende Anordnungen, deren Einhaltung so streng beachtet wurde, daß Furcht und Unmut unter den Manufakturarbeitern aufkamen.

Wer gegen eine Vorschrift verstieß, egal, wie geringfügig, wurde sofort verhaftet und wochenlang eingesperrt. Für diese Direktiven gab es kaum verständliche Gründe. Überstunden, auf die viele Arbeiter wegen ihres schlechten Lohns angewiesen waren, wurden strikt verboten. Wer dennoch bei der Arbeit erwischt wurde, mußte damit rechnen, daß die Wache ihm kurzerhand die Arbeitskerze ausblies und ihn ins Gefängnis warf. Gäste, sogar gute Kunden und Leute vom Hof, wurden wie potentielle Spitzel behandelt. Früher hatten die Wachen Besucher bis zur Tür des Raumes begleitet, den sie besuchen durften – meist den Ausstellungsraum im ersten Stock. Diskret hatten sie draußen gewartet, bis der Gast den Raum wieder verließ. Nun trieben sich die Soldaten überall mißtrauisch herum, ließen die Gäste nicht aus den Augen, sogar wenn Mitglieder der Manufakturleitung anwesend waren. Es war alles höchst ärgerlich – und schlecht fürs Geschäft. Aber die Kommission meinte, mit dem Wachstum der Manufaktur nehme auch die Gefahr des Geheimnisverrats zu. Das Arkanum könne nur mit strengen Vorsichtsmaßnahmen geschützt werden.

Doch der despotische Pupelle und seine Soldaten waren nicht unüberwindbar. Man mußte nur entschlossen genug sein, dann fanden sich auch Wege, um der Kontrolle zu entgehen.

Am 7. Oktober 1736, elf Wochen nachdem Pupelle und seine Leute auf den Plan getreten waren, mußte der Leutnant dem Hofkommissar Höroldt eine schlechte Nachricht überbringen. Adam Friedrich von Löwenfinck, einer der fähigsten Maler Höroldts, war nicht zur Arbeit erschienen. Untersuchungen hatten ergeben, daß er aus seiner Wohnung verschwunden war. Auch wurde das Pferd eines Bäkkers, der in der Nähe wohnte, vermißt. Es gab nur eine Schlußfolgerung: Löwenfinck hatte sich davongemacht.

Höroldt muß sofort begriffen haben, daß dieser Verlust eine große Gefahr in sich barg. Löwenfinck hatte zu den wenigen Malern gehört, deren Begabung sich trotz der launenhaften Oberaufsicht Höroldts voll entfaltet hatte. Neun Jahre zuvor war der damals Dreizehnjährige in die Malerabteilung der Manufaktur eingetreten und hatte alles, was er konnte, von Höroldt gelernt. Doch die wichtigste Frage war: Hatte Löwenfinck Kenntnis von der Porzellanherstellung?

Adam Friedrich von Löwenfinck war der älteste von drei Brüdern, deren Vater, ein Soldat, frühzeitig in einer der vielen unüberlegten Schlachten Augusts des Starken gefallen war. Die verwitwete Mutter mußte Arbeit auf einem großen Gut nahe Meißen annehmen, um für ihre Söhne zu sorgen, bis diese alt genug waren, um selbst eine Anstellung zu finden. Ein freundlicher Nachbar war Vorsitzender der Manufakturkommission in Meißen. Er sah, wie aufgeweckt die Jungen waren. Und als er hörte, die Witwe überlege, welche Berufe für ihre Söhne in Frage kämen, setzte er sich in der Manufaktur für sie ein.

Mit dieser Empfehlung, jedoch ohne Talentnachweis, kam, als erster der Löwenfinck-Brüder, Adam in Höroldts Werkstatt. Sie beiden jüngeren Brüder folgten später seinem Beispiel. Zunächst erhielt er eine Ausbildung als Maler für Unterglasurblaudekore. Bis 1734 hatte der nun Zwanzigjährige solch hervorragende Fertigkeiten entwickelt, daß sogar Höroldt selbst beeindruckt war und ihn mit Modellmalereien für neue Porzellanwaren betraute.

Mit seinem Können entwickelte er ein ungestümes künstlerisches Temperament. In Meißen war er bald für seine reservierte und oft schroffe Art so berüchtigt wie berühmt für seine vorzüglich gemalten japanischen Sujets und sonderbaren Fabelwesen. Unablässig stritt er mit seinen Kollegen, und häufig wurde über seine Werkstattdisziplin Klage bei Höroldt erhoben. Bei seinen Auseinandersetzungen ging es auch um Geld. Denn selbst noch nach Jahren der Ausbildung zahlte ihm Höroldt einen allzu kärglichen Lohn, bedachte man sein offensichtliches Geschick – so sah es jedenfalls Löwenfinck.

Vielleicht um seiner Mutter zu helfen oder seine Brüder zu unterstützen, beging er den großen Fehler, sich Geld zu leihen. Er war überzeugt, daß es bestimmt nicht lange dauern konnte, bis Höroldt seine Begabung richtig einschätzen und sein Salär erhöhen würde. Doch Höroldt blieb knauserig.

1736 hatten seine Schulden ein alarmierendes Ausmaß erreicht, und die Auseinandersetzungen in der Werkstatt waren unerträglich geworden. Wer seine Schulden nicht zurückzahlen konnte, wurde mit längerer Gefängnishaft bestraft, vor allem jetzt, wo Pupelle und seine Männer das Kommando hatten. Löwenfinck konnte sich ausrechnen, daß mit denen nicht gut Kirschen essen war.

Im Glauben, daß seine Verhaftung unmittelbar bevorstehe, verschwand er am 6. Oktober im Schutz der Dunkelheit. Irgendwie gelang es ihm, den Stadtwachen zu entwischen, stahl ein Pferd aus dem Stall des ahnungslosen Bäckers und ritt aus der Stadt. Er kam nach Bayreuth, wo er in der Keramikmanufaktur eine Arbeit als Fayencemaler fand. Das war zwar nicht so hoch angesehen wie die Arbeit eines Dekorationsmalers in Meißen, aber die Arbeitsbedingungen waren besser.

Löwenfinck war ein Heißsporn, aber er war nicht charakterlos. Bald nachdem er sich in Bayreuth eingerichtet hatte, schrieb er einen aufschlußreichen Brief an die Kommission in Meißen. Darin versuchte er die Gründe seiner überstürzten Flucht zu schildern und versprach, seine Schulden zurückzuzahlen – ein Versprechen, für das er hart arbeitete und das er schließlich erfüllte. Fast alle seine Klagen bezogen sich darauf, wie Höroldt seine Leute behandelte: Es würden Männer ohne Begabung, Ausbildung und künstlerische Ambitionen eingestellt und jenen mit wirklichem Talent vorgesetzt; Spezialisierung rege wenig an und verhindere, daß sich Anlagen entwickelten. Und die Bezahlung sei ungerecht.

Als Höroldt hörte, daß es der abtrünnige Löwenfinck wagte, seine Leitung zu kritisieren, wollte er das zunächst nicht glauben. Dann bekam er einen Wutanfall. Für diese Dreistigkeit sollte Löwenfinck einen Denkzettel erhalten. Ein Exempel mußte statuiert werden, damit andere nicht auf ähnliche Gedanken kämen. Rasch wurden einige Männer Pupelles mit dem Befehl ausgesandt, Löwenfinck zu verhaften und ihn nach Meißen zurückzubringen, wo er vor Gericht gestellt werden sollte.

Das klang dramatisch, hatte aber keinen Erfolg. Bevor er aufgespürt werden konnte, hatte Löwenfinck bereits gerüchtweise von der nahenden Gefahr gehört und sich abermals auf die Flucht begeben, nach Ansbach, wo er als Maler in einer Fayencemanufaktur Arbeit fand. Für den Rest seines Lebens war er ständig unterwegs, um sich dem Zugriff Höroldts zu entziehen und den Lohn seiner mühsamst erworbenen Fertigkeiten zu empfangen. Auch als die Verfolgung längst aufgegeben war, wurde hinter ihm herspioniert, um über seine Entwicklung auf dem laufenden zu sein. Niemand wußte genau, was die Folgen seines

Weggangs sein könnten. Höroldt lebte in ständiger Furcht, Löwenfinck könnte eines Tages tatsächlich Porzellan herstellen. In den folgenden zwölf Jahren berichteten Gewährsleute über alle Unternehmungen Löwenfincks.

Im Jahr 1741 kam Löwenfinck in die hessische Bischofsstadt Fulda, wo sich ihm sein jüngerer Bruder Karl anschloß. Hier endlich schien es, als habe sich seine Flucht gelohnt. Er erhielt nämlich die bedeutende Stellung eines Hofmalers. Fünf Jahre später schien Höroldts Alptraum Wirklichkeit zu werden. Denn Löwenfinck konnte Geldgeber in Höchst bei Frankfurt am Main davon überzeugen, daß er das Geheimnis der Porzellanherstellung kenne und daß er genausogut Porzellan fertigen wie bemalen könne. In Höchst fühlte er sich vergleichsweise sicher. Und da es ihm nun ganz gutging, heiratete er. Seine Frau Maria Seraphia war die Tochter eines Porzellanmalers und selbst eine Keramikmalerin mit beachtlichen Fähigkeiten.

Doch wie so viele andere hatte auch Löwenfinck die Schwierigkeit der Porzellanherstellung unterschätzt und konnte sein Versprechen nicht halten. Nach einem schweren Streit mit seinen Geldgebern wandte er sich 1749 nach Straßburg, wo er 1754 im Alter von nur 40 Jahren starb.

In Meißen konnten währenddessen übereifrige Wächter, drakonische Strafen und die scharfe Überwachung der Besucher nicht verhindern, daß die politischen Spannungen zunahmen. Mit den vierziger Jahren begann die Bedrohung durch Preußen, das Land, aus dem Böttger nach Sachsen geflohen war, wodurch die Ereignisse in Gang kamen, die zur europäischen Entdeckung der Porzellanherstellung geführt hatten.

Das Jahr 1740 sah folgenschwere Veränderungen im empfindlichen Gleichgewicht der europäischen Kräfte.

Kaiser Karl VI. starb. Da es keinen männlichen Thronerben gab, bestieg seine Tochter Maria Theresia den Thron. Im selben Jahr war auch der preußische König Friedrich Wilhelm I. gestorben. Auf den Thron eines der mächtigsten deutschen Staaten folgte ihm sein hochintelligenter und ehrgeiziger Sohn, Friedrich II., der Große. Von Anfang an war Maria Theresias Herrschaft über die habsburgischen Erblande umstritten. Zu ihren bedeutenden Gegnern zählten Friedrich II. von Preußen und der Kurfürst von Bayern.

Die größte Gefahr ging von Friedrich II. aus. Sein Vater, der Soldatenkönig und »Lehrmeister der preußischen Staatsnation«, hatte das preußische Berufsheer auf 82 000 Mann vergrößert, aus seinem Reich einen spartanischen militaristischen Staat gemacht und seinen Sohn unter ein strenges Regiment gestellt.

Hier ging es ganz anders zu als am sächsischen Hof mit all seinen Ausschweifungen, an dem der sechzehnjährige Friedrich 1728 für einen Monat geweilt hatte. Dresden muß Friedrich die Augen geöffnet haben; er war ja streng erzogen worden, ohne künstlerische, sinnliche und romantische Erfahrungen. Er hatte sich mit einigen Schönheiten am Hofe Augusts der Starken eingelassen und war dem verführerischen Charme von mindestens zweien von ihnen erlegen.

Das erste Objekt seiner Begierde war die erstaunliche Gräfin Anna Orzelska. Ihre Haare waren schwarz wie Ebenholz. Sie kleidete sich gern nach der Jagdmode für Männer. Pech für Friedrich, daß die Gräfin, obgleich eines von Augusts zahlreichen unehelichen Kindern (mit einer französischen Kammerfrau), gerade die Favoritin des Kurfürsten war. Es sieht so aus, als sei am sinnenfrohen sächsischen Hof Inzest kein moralisches Problem gewesen, denn auch ihr Halbbruder, Graf Rutkowski, ein weiteres uneheliches Kind Augusts, hatte ein Verhältnis mit ihr. Die Gräfin scheint es jedoch vorgezogen zu haben, das Bett mit dem unerfahrenen jungen Friedrich von Preußen zu teilen als mit dem ihres bejahrten Vaters, der schlechte Zähne hatte und an der Gicht litt. August, dem der Wandel ihrer Gefühle nicht entging, wurde eifersüchtig. Um keinen diplomatischen Zwischenfall zu provozieren, beschloß er kurzerhand, den Prinzen verführen zu lassen, und zwar von Formera, einer schönen Opernsängerin, die nach dem Abendessen völlig nackt auf einer Liege in sein Zimmer getragen wurde.

Das hatte unerwartete Folgen. Bei seiner Rückkehr nach Berlin erkrankte Friedrich, dessen Gesundheit ohnehin stets schwach gewesen war. Einige Biographen haben eine Geschlechtskrankheit vermutet. Was auch immer der Grund war, es hat viele Monate gedauert, bis seine Gesundheit ganz wiederhergestellt war.

Als Friedrich dann zwölf Jahre später den preußischen Thron bestieg, hatte er längst die Reize und die Reitpeitsche der Gräfin vergessen. Ihm ging es jetzt vor allem um Einfluß und die Stärkung der Stellung Preußens. Unter seiner Regierung verdoppelte sich die Mannschaftsstärke der preußischen Armee auf 192 000 – etwa vier Prozent der Bevölkerung des Landes, was zwei Drittel der Staatseinnahmen verschlang. Doch Friedrich wußte auch, daß Preußen als Wirtschaftsmacht hinter Sachsen und Frankreich lag. Und das bedeutete Mindereinnahmen für die Staatskasse, das heißt, für das Militär hätte mehr Geld zur Verfügung stehen können.

Neben seinen ersten Liebesabenteuern hatte Friedrich bei seinem damaligen Besuch in Sachsen auch reichlich Gelegenheit gehabt, sich für Porzellan zu begeistern.

Denn die kurfürstlichen Schlösser waren damit großzügig ausgestattet. Die Hauptwirtschaftszweige Preußens waren Seidenweberei und Wolle. Doch Friedrich wollte Preußen nicht nur zur stärksten Macht Europas machen, er wollte auch den größten Ruhm für sein Land erringen. Dazu aber brauchte er eine eigene Porzellanmanufaktur.

Friedrich nützte jede günstige Gelegenheit. Der Tod des Kaisers und die fragwürdige Thronfolge von dessen Tochter boten ihm die lange erwartete Chance, sein Reich zu vergrößern. Im Jahr seiner Thronbesteigung fiel seine große und gut ausgebildete Armee in Schlesien ein, eine sehr fruchtbare und reiche Provinz Österreichs. Mit dieser brutalen Aggression begannen die Schlesischen Kriege, die fast 25 Jahre dauern sollten.

August der Starke hatte versäumt, die polnische Thronfolge fest an seine Dynastie zu binden. Nach seinem Tod war daher der Einfluß Sachsens in Polen zunehmend schwächer geworden. Stanislaus I. Leszczyński, der Schwiegervater von Ludwig XV., hatte nach dem Tod Augusts (1733) die Wahl zum polnischen König gewonnen. Friedrich August konnte Polen nur mit der Unterstützung Rußlands und Österreichs zurückgewinnen.

Zwar war Sachsen mit Österreich durch einen Vertrag verbunden, als nun aber Friedrich in Schlesien einfiel, ergriff Friedrich August wie auch Bayern und Frankreich Partei für Preußen, weil er sich davon Landgewinne versprach.

Friedrich blieb siegreich. Im Frieden von Breslau mußte Österreich auf fast ganz Schlesien verzichten. Karl Albrecht von Bayern wurde als Karl VII. zum Kaiser gewählt. Nur Friedrich August ging leer aus.

Verstimmt über die Demütigung, änderte er abrupt seine Bündnispolitik. Wieder einmal folgte er dem unbedachten Rat Brühls und schlug sich auf die Seite Österreichs. Ein Jahr später mündete die gespannte Lage abermals in Krieg. Dieses Mal marschierte Friedrich, voller Zorn auf Brühls politischen Wankelmut, mit 60 000 Mann in Sachsen ein.

Bis zum 19. August 1744 waren preußische Truppen tief nach Sachsen vorgestoßen. Die sächsischen Verteidigungskräfte erlahmten schnell, so daß Friedrich das Schlachtfeld verlassen konnte. Er begab sich nach Meißen und besuchte ungehindert die Manufaktur, mit der er schon lange geliebäugelt hatte. Nun faßte er den Plan, sie vollständig nach Berlin zu verlegen. Seitdem die Manufaktur bestand, war dies das erste Mal, daß ihre Wächter einem Eindringling gegenüber machtlos waren. Friedrich besichtigte sogar das Allerheiligste der Manufaktur. Das große preußische Heer lagerte derweil vor den Toren der Stadt, und niemand wagte es, ihn aufzuhalten.

In den folgenden Monaten schwankte sein Kriegsglück. Böhmen, Teil des Habsburgerreiches, mit dem Sachsen verbündet war, zwang Friedrich, sich nach Schlesien zurückzuziehen. Doch der preußische König ließ sich nicht so leicht abschrecken und triumphierte schließlich über alle, die sich gegen ihn verbündet hatten. 1745 griff er wieder Sachsen an. Die Leitung der Meißner Manufaktur mußte erkennen, daß der preußische König fest entschlossen war, die Stadt als Ausgangspunkt für seinen Angriff auf Dresden zu benutzen. Und die Manufaktur hielt er nach wie vor für eine einträgliche Kriegsbeute. Im November 1745 sprach alles dafür, daß die Invasion der Preußen unmittelbar bevorstand.

Als man in der Manufaktur die drohende Gefahr begriff, wurden drastische Maßnahmen beschlossen, damit das Porzellangeheimnis nicht in die Hände des Feindes fiel. Die Brennöfen sollten zerstört, die Reibemaschinen zerlegt, die Massen und Glasuren versteckt werden.

Das alles mußte so schnell wie möglich über die Bühne gehen. Die Manufakturarbeiter wurden bei voller Bezahlung nach Hause geschickt und Brenner, Massebereiter, Führungskräfte wie Kaendler und Höroldt, die für Friedrich wichtig waren, nach Dresden in Sicherheit gebracht. Nur einige Beamte blieben auf der Albrechtsburg, um das Warenlager zu bewachen. Mit Schrecken sahen sie den anrückenden Preußen entgegen.

Die Vorkehrungen waren keineswegs zu früh getroffen worden. Denn bereits fünf Tage später, am 12. Dezember, erschien eine waffenstarrende preußische Vorhut auf der Elbbrücke. Für die hilflosen Stadtbewohner gab es keine Verteidigungsmöglichkeiten. Nach der Übergabe der Stadt wurden nur ein Bevollmächtigter und ein Wachmann auf die Albrechtsburg geschickt, um die Manufaktur auf Geheiß des preußischen Königs offiziell in Besitz zu nehmen. In der Abenddämmerung schwärmten 40 000 Soldaten durch die Straßen Meißens, und ein großes Truppenkontingent wurde auf die Albrechtsburg verlegt. Dreißig Wachen waren außerhalb des Warenlagers postiert. Denn auf königlichen Erlaß waren Plünderungen streng verboten. Das Porzellan war dem König vorbehalten oder sollte als Geschenke für hohe Militärs dienen.

Friedrich bezog im Haus des Stadtkämmerers von Hachenberg Quartier. Sein Aufenthalt bot reichlich Gelegenheit, die Manufaktur genauer kennenzulernen. Daß die Produktion ruhte, muß ihn enttäuscht haben. Er hat im übrigen versucht, so viele Arbeiter wie möglich nach Berlin zu locken.

Drei Tage später, am 15. Dezember, wurde die sächsische Armee auf einer morastigen Ebene, etwa zehn Kilometer südwestlich von Dresden, bei schneidender Kälte in der Schlacht bei Kesselsdorf vernichtend geschlagen. Es war eine Ironie des Schicksals, daß auf preußischer Seite das sogenannte Porzellanregiment kämpfte – ehemals sächsische Dragoner, die August der Starke vorschnell gegen die wertvolle Porzellansammlung des Vaters Friedrichs II. für sein Japanisches Palais eingetauscht hatte.

Die preußische Armee mußte zunächst große Verlust hinnehmen, so daß es aussah, als könnte Friedrich verlieren. Erst am späteren Tag wendete sich das Kriegsglück, als die Sachsen angriffen und deswegen ihren Artilleriebeschuß einstellten. Da begannen die preußischen Truppen ihren Gegenangriff. Die Verluste waren auf beiden Seiten gewaltig. Etwa 1700 Preußen wurden getötet, 3000 verwundet. Die Sachsen zählten 3800 Tote und Verwundete. Das Schlachtfeld bot ein Bild größter Verwüstung. Da der Boden fest gefroren war, konnten die Leichen nicht begraben werden. Viele Schwerverwundete brachte man auf die Albrechtsburg, die als Lazarett diente. Sie wurden auf einfachen Holzkarren befördert. Herzzerreißende Schreie gellten durch die gewölbten Hallen, wenn Chirurgen mit primitivstem medizinischem Besteck und ohne Narkose zerschmetterte Gliedmaßen amputierten. In der chaotischen Zeit nach der Schlacht geriet die Bewachung des Lagerraums auf der Albrechtsburg für kurze Zeit in Gefahr, überwältigt zu werden. Ein Trupp unzufriedener und kriegsmüder Soldaten drang ins Lager vor und ließ sich nicht zurückweisen, bedrohte die Wachen und plünderte oder zerstörte viele der wertvollen Stücke.

Glücklicherweise hatten preußische Beamte auf Geheiß Friedrichs bereits damit begonnen, die Beute im Lagerraum zu registrieren und zu verpacken. Schon bevor der Ausgang der Schlacht bekannt wurde, hatte Friedrich ausgewählte Stücke beschlagnahmen lassen. Denn er konnte kaum noch seine Soldaten bezahlen und sah sehr wohl, wieviel Geld er für das Porzellan bekommen würde. Es handelte sich hauptsächlich um Tafelgeschirr mit ganz verschiedenen Dekoren, darunter Landschaften. Andere Stücke trugen plastischen Schmuck. Es waren auch viele Figuren, Tiere und Vögel aus der Hand Kaendlers darunter. Alles war sorgfältig mit Wolle, Heu und Moos in Holzkisten verpackt worden. Am 22. Dezember rollten die Ochsenkarren mit ihrer kostbaren Fracht bei eisiger Kälte Richtung Preußen.

Zwei Tage zuvor hatte Friedrich seinem Schatzmeister in Berlin Anweisung erteilt, die Kriegsbeute in Empfang zu nehmen, nach Charlottenburg zu bringen, die Wagen entladen zu lassen, die Kisten aber nicht eher auszupacken, bis er selbst eintreffe.

Alles in allem hatte sich der preußische König in den Besitz von 52 Stücken feinsten Meißner Porzellans gebracht. Etwa die Hälfte war für ihn selbst bestimmt. Der Rest wurde verkauft und erbrachte einen beträchtlichen Erlös. Die Porzellane, die in Meißen verblieben waren, wurden Stück für Stück als Geschenke an preußische Kriegshelden verteilt.

Den Bürgern Meißens muß es erschienen sein, als sei ihre Manufaktur für immer verloren; alle Errungenschaften der Vergangenheit waren wie das sächsische Heer ausgelöscht.

Dabei wäre die Schlacht gar nicht nötig gewesen. Einen Tag davor hatte nämlich Friedrich in seinem Hauptquartier in Meißen die Nachricht aus Prag erhalten, daß Friedrich August und der Wiener Hof zu Friedensverhandlungen bereit seien. Alle Seiten mußten schließlich der Tatsache ins Gesicht sehen, daß ihre Länder durch die lange Auseinandersetzung fast bankrott waren.

Friedrich ging auf das Angebot Österreichs ein, Schlesien an Preußen abzutreten. Zusätzlich zu dem Porzellan, das sich Friedrich genommen hatte, zahlte August eine Million Kronen. Weihnachten 1745 wurde in Dresden der Friedensvertrag unterzeichnet.

Doch Friedrich gab seine Hoffnungen, die Meißner Manufaktur in Besitz zu nehmen oder nach Berlin zu verlegen, nicht auf.

3. Lebensträume

Zuckerwerk, Biskuits und Sahnecreme hatten längst Harlekinen, Gondelieren, Türken, Chinesen und Schäferinnen aus sächsischem Porzellan weichen müssen [...] Dann bedeckten ganze Weiden mit Rindern aus dem zerbrechlichen Material den Tisch; kleine Landhäuser aus Zucker, Tempel aus Malzzucker; kleine Neptune thronten in Wagen aus Herzmuscheln auf Ozeanen aus Spiegelglas oder Seen aus Silberlamé, und schließlich folgten die Gestalten aus Ovids Metamorphosen [...].

Horace Walpole, 1753

Man stelle sich die Szene vor: Sir Charles Hanbury Williams, britischer Gesandter am sächsischen Hof, besuchte 1748 ein Bankett im Palais des Premierministers, des Grafen Brühl. Als er im Palast, einem der am reichsten eingerichteten Häuser Dresdens, eintraf, wurde er in einen weitläufigen Spiegelsaal geleitet. Lange Tische, bedeckt mit bodenlangen Tüchern aus Damast, bildeten ein offenes Rechteck vor drei Seiten des Raumes. An den entferntesten Seiten nahmen die geladenen Gäste Platz: 206 Würdenträger und Hofleute, gekleidet in herrlichste Gewänder.

Die Herren trugen Samt und Brokat mit Gold- und Silberstickereien und juwelenbesetzten Knöpfen. Die Damenkleidung folgte der französischen Mode. Die Taillen waren eng geschnürt, die tiefen Dekolletés von gold- und silberdurchwirkten Spitzen gesäumt, verziert mit seidenen Blumen und Borten. Die langen Brokatröcke wallten von den Stühlen, auf denen die Damen Platz genommen hatten, bis zum Boden. Lakaien ordneten ihre Schleppen über die Rückenlehnen zu Faltenkaskaden. Ihre eleganten Frisuren schienen der Schwerkraft zu trotzen und trugen reichlich Edelsteine, Federn und Blumen. Die bloße Haut war weiß gepudert, was noch durch Schönheitspflästerchen und Rouge betont wurde.

So großartig die ganze Pracht zweifellos war, so zog doch nicht die kostbare Ausstaffierung der Gäste die Aufmerksamkeit des Gesandten auf sich, sondern der geradezu unglaubliche Tafelaufsatz auf dem Tisch. An einen Freund in England schrieb er später: »Ich glaube, es war das Wundervollste, was ich je erblickt habe. Ich kam mir wie in einem Garten oder in der Oper vor, keineswegs wie bei einem Abendessen. In der Mitte des Tisches erhob sich der Brunnen von der Piazza Navona in Rom, mindestens acht Fuß hoch, der die ganze Zeit mit Rosenwasser betrieben wurde. Es heißt, allein er habe 6000 Taler gekostet.«

Das Besondere an dem Tischschmuck, der Sir Charles so sehr in seinen Bann zog, war nicht seine verblüffend kunstvolle Ausführung, sondern der Umstand, das alles aus Meißner Porzellan bestand. Briefschreiber und Empfänger werden wohl kaum geahnt haben, daß diese außergewöhnlichen Stücke den Weltruhm Johann Joachim Kaendlers und der Meißner Porzellanmanufaktur begründen sollten. Es war ihr größter Erfolg.

Für Brühls bevorzugte Tafelgäste war der Krieg mit Preußen nur noch eine dunkle Erinnerung. Seit zwei Jahren herrschte Frieden in Sachsen. In dieser Zeit war die Wirtschaft aufgeblüht, und die Staatseinnahmen hatten die kurfürstliche Kasse wieder gefüllt.

Auch für die Manufaktur hatte die politische Stabilität zu wirtschaftlichem Aufschwung geführt. Sobald sich die letzte Kolonne der preußischen Truppen endgültig zurückgezogen hatte, um sich auf den langen Marsch nach Berlin zu machen, war auf der Albrechtsburg unverzüglich der Betrieb wieder aufgenommen worden. Im Januar 1746 kehrten aus Dresden Kaendler und Höroldt zurück, um die Zügel wieder fest in die Hand zunehmen. Schnell waren die Brennöfen wieder aufgebaut und alle Teile zusammengefügt. Die aufbereitete Porzellanmasse und die Glasuren wurden aus ihren Verstecken geholt. Große Mengen entwendetes Brennholz mußten für teueres Geld ersetzt werden.

Alles schien sich wieder zu normalisieren. Kaendler war so schöpferisch wie eh und je. Und Höroldt war wieder mit seiner Stellung beschäftigt, behandelte seine Gehilfen gleichgültig und stritt sich mit den Modelleuren. Alles blieb also beim alten. Die anhaltenden Rivalitäten zwischen den beiden Männern scheinen aber die Entwicklung nicht beeinträchtigt zu haben, wie die Bemerkungen des britischen Gesandten beweisen. Kaendler erreichte nun den Höhepunkt seiner Schaffenskraft. Er schuf eine erstaunliche Reihe von Entwürfen für die letzte Porzellanentwicklung: die Dresdner Figurenplastik.

Die Idee für Brunnen und Statuetten aus Porzellan war der höfischen Vorliebe für Bankette entsprungen. War der Kurfürst in Dresden, gab es am Hofe regelmäßig aufwendige Festessen. Wer damit nicht vertraut war, konnte sie eher für eine Art Geduldsprobe als für ein bacchantisches Vergnügen halten. Denn diese Bankette konnten gut und gern von mittags bis neun Uhr abends dauern. Vier- bis fünfstündige Abendessen waren durchaus üblich. Besucher des Hofes waren davon völlig erschöpft und verwirrt. »Die Deutschen trinken und essen eigentlich alles mit Vergnügen. Sie zeigen dabei weniger Geschmack als Gefräßigkeit«, schrieb Montesquieu mit offensichtlicher Verachtung. Und der Engländer J. B. S. Morritt gab seinem Mißfallen Ausdruck, als er ein Abendessen am Hofe mit den Worten beschrieb: »Eine ziemlich scheußliche Zeremonie [...] eine rohe Veranstaltung, auf der man sich nichts zu sagen hat.«

Während sich das Gelage in die Länge zog, wurden zahllose Trinksprüche ausgebracht und mit quälender Langsamkeit Gerichte gereicht. Wenn ein Gast endlich etwas zu essen bekam, war alles längst kalt. Kein Wunder also, daß man Neuheiten brauchte, die zwischen den Gängen für Zerstreuung und Ablenkung sorgten, sonst wären die Leute am Tisch eingeschlafen.

Gewöhnlich gab es musikalische Unterhaltung – eine Opernaufführung, ein Konzert, ein Ballett –, und häufig spiegelte sich ihr Thema im Tischschmuck wieder. Zwischen Kerzenleuchtern erhoben sich Tafelaufsätze in Gestalt kleiner Architekturnachbildungen. Ursprünglich bestanden diese winzigen Burgen, Tempel, Brunnen und Grotten aus Zucker, Marzipan oder Wachs, geschaffen vom Hofkonditor – einem der wichtigsten Männer unter dem zahlreichen Hofküchenpersonal. Dann entstanden ganze Landschaften und immer komplexere Architekturen, bevölkert von zierlichen Figürchen.

Als für ein besonders ehrgeiziges Soufflé Realismus und Phantasie in der offenbar grenzenlosen Einbildungskraft der Konditoren aufeinandertrafen, entstanden komplizierte Panoramen und Aussichten. Zuckergußarchitekturen ahmten Bauwerke der klassischen Antike nach; manche wurden im Inneren von flackerndem Kerzenlicht erleuchtet, andere präsentierten ein Feuerwerk als denkwürdigen Abschluß zum Nachtisch. Und dann gab es noch brunnenähnliche Gebilde, gefüllt mit Duftwasser, das zwischen anmutigen Figuren von Göttern und Göttinnen auf dem Tisch entlanglief.

Dennoch dienten diese meisterhaften, aber kurzlebigen Phantasmagorien nur für wenige Stunden der Zerstreuung, dann wurden sie mit den Abfällen vom Tisch gekehrt. Kaendler, einfallsreich und unternehmungslustig wie immer, kam auf die Idee, daß Tischschmuck aus Porzellan dauerhafter sei und daher mehrmals verwendet werden könnte; weswegen er auch ein größeres Publikum in seinen Bann ziehen würde.

Von etwa 1735 an enstanden mehr als 1000 Porzellanfiguren als Tischschmuck für die Reichen. Die meisten Entwürfe Kaendlers griffen Motive des alltäglichen Lebens auf, und ihre erstaunliche Vielfalt erlaubt einen Blick auf die verfeinerte Welt des Dresdner Hofes. Wir sehen Opernsänger, Schauspieler und Schauspielerinnen in Kostümen der Commedia dell'arte, die Lieblingshofnarren des Kurfürsten, Pariser Straßenverkäufer, fremdartige Reisende des Fernen Ostens, idealisierte Landleute und Schäferinnen.

Vor allem aber macht er uns mit den elegant gekleideten Bürgern Dresdens bekannt, unter ihnen der vielbeschäftigte Schneider des Grafen Brühl. Er reitet auf einer bockenden Ziege. Es heißt, der Graf habe aus Dankbarkeit für sehr gut geratene Kleidungsstücke dem Mann großzügig versprochen, ihm jeden Wunsch zu erfüllen. Der unverschämte Schneider begehrte keck, zu einem der kurfürstlichen Hofbankette eingeladen zu werden, für einen Angehörigen eines niederen Standes eine unerhörte Bitte. Ironisch entgegnete Brühl, er wolle sehen, was er tun könne, und beauftragte Kaendler, den Schneider in Porzellan zu modellieren. Als der Künstler von dem törichten Wunsch des Schneiders hörte, plazierte er ihn, gekleidet in vornehme Gewänder und umgeben von den einfachen Werkzeugen seiner Zunft, rittlings auf eine Ziege. Ziegen waren das Vieh der kleinen Leute; außerdem gibt es verschiedene mittelalterliche Volkserzählungen, in denen herabsetzend von Schneidern und Ziegen die Rede ist.

Bei einem Bankett stand diese Figur als Tafelaufsatz vor dem Landesherrn und erregte bei allen, die die Zusammenhänge kannten, große Heiterkeit. Nun war der Schneider bei einem kurfürstlichen Festgelage anwesend – nur nicht so, wie er sich das vorgestellt hatte. Da die Figur beim hohen Publikum so gut ankam, schuf Kaendler eine zweite, kleinere Version; auch modellierte er die Frau des Schneiders.

Kaendler zeigt uns weiterhin, wie man sich am Hof zum Zeitvertreib herausputzte und aufführte. An den Höfen Europas waren Kostümfeste weit verbreitet. Sie dauerten mehrere Tage, und sie spiegelten die in Mode gekommene Schwärmerei für das einfache Landleben wider. Der Fürst konnte dabei als Bauer auftreten. Auch die Hofleute kleideten sich, wenngleich in idealisierter Form, wie die Landbevölkerung. Jeder spielte eine andere Rolle, über die das Los entschied, um zu vermeiden, daß zwei im gleichen Kostüm auftraten. Eine hohe Gräfin konnte zum Beispiel das Gewand einer Schäferin tragen, ein Gesandter das eines Hausierers und ein Geheimrat das eines einfachen Gärtners. Alle diese Verkleidungen hatte Kaendler in Porzellan modelliert. Die Tafel war alsbald bevölkert mit kleinen Obstverkäufern, Kesselflickern, Gärtnern und betrunkenem Bauernvolk vor malerischen Hütten und Bauernhäusern. Man kann sich gut vorstellen, wie sich die verwöhnten Hofleute daran ergötzt haben, die sich selbst gerade in solcher ländlich-schlichter Tracht vergnügt hatten.

Eine weitere Passion am sächsischen Hof war die Jagd,

aus der andere Szenen Kaendlers stammen. Die Jagd war dem Kurfürsten und seinem Gefolge vorbehalten. Und zu ihr eingeladen zu werden, galt als Ausdruck kurfürstlicher Gunst wie die Teilnahme an Festbanketten, Schäferspielen oder Kostümfesten. Bauern, die von ihren Feldfrüchten lebten, durften sie nicht vor dem Jagdwild schützen, welchen Schaden es auch anrichtete. Wild ohne fürstliche Erlaubnis zu töten wurde als Wilderei betrachtet und mit dem Tode bestraft. Jonas Hanway, der Sachsen Mitte des Jahrhunderts bereiste, berichtet, daß so viele Wildschweine dem Land Schaden zufügten, daß eine Truppe von 8000 Soldaten nötig sei, um ihren Bestand zu halbieren. In jeder Stadt, die etwas auf sich halte, seien fünfzig Bewohner zur Wache abgestellt, abwechselnd fünf pro Nacht, um mit Schellen das Rotwild von den Getreidefeldern zu verjagen.

Doch trotz der Klagen der Bauern und des unverschämten Tadels einiger Reisender, wie etwa Jonas Hanways, war die Jagd noch lange ein Vorrecht der Fürsten. Kaendlers Figuren, die mannhafte Jäger und ihre unglückliche Jagdbeute darstellen, waren sehr beliebt, denn sie riefen nicht nur das aufregende Jagdfieber in Erinnerung, sondern sie galten auch als Statussymbole.

Die sogenannten Krinolinengruppen sind sozusagen Momentaufnahmen des damaligen Hoflebens. Sie zeigen kokette Hofschönheiten voller Bewegung, die August der Starke gewiß unwiderstehlich gefunden hätte. Die intimen Ansichten sind in der Zeit erstarrte Augenblicke, von denen man nur zu gern wüßte, was sich vorher und was sich nachher ereignet hat.

Interessanterweise kommen in diesen Gruppen auch Porzellangegenstände vor – also Porzellan in Porzellan. Da gibt es etwa die Gruppe eines Kavalliers mit der Dame seines Herzens. Sie führt eine Porzellantasse mit Schokolade an die Lippen – eine Geste verführerischer Vertrautheit. Häufig sind die Figuren von den Bildern Watteaus beeinflußt, doch atmen sie noch eine besonders romantische Atmosphäre. Viele sollen August dem Starken mit der einen oder der anderen Mätresse darstellen. Einmal reicht er einer Dame (vielleicht der unglückseligen Reichsgräfin von Cosel) eine herzförmige Dose, während sie ihm als Echo seiner Gefühle ein Herz übergibt.

Kaendlers genaue Kenntnis des Hoflebens kommt auch in den Figurengruppen zum Ausdruck, in denen ein Mops eine Rolle spielt. Dieses liebliche Geschöpf war mehr als nur ein niedliches Schoßhündchen. Wer mit den Tagesereignissen vertraut war, wußte genau, daß es ein verdeckter Hinweis auf den »Mopsorden« war, eine Art Persiflage auf die Freimaurerei, deren Großmeister die sächsischen Kurfürsten waren.

Doch die Schönheit von Kaendlers Figuren erweist sich gerade darin, daß man deren Bedeutung nicht kennen muß, um sich an ihnen zu erfreuen. Ihre Mannigfaltigkeit, ihre Farbe und ihre Bewegtheit schlugen einen ständig wachsenden Kreis internationaler Sammler in ihren Bann. Auch wenn man sich nicht die Commedia-dell'arte-Gruppe oder einen vollständigen Satz Straßenverkäufer leisten konnte, so verschönte doch bereits ein Figurenpaar die Wohnung. Jedenfalls nahm der Sammeleifer in den besseren Kreisen zu.

Wer es sich leisten konnnte, gab riesige Summen für diesen Luxus aus. Sir Charles Hanbury Williams rühmte sich bei Henry Fox, einem Verwandten, damit, daß ihm der Kurfürst ein dreißigteiliges Tafelservice aus Porzellan geschenkt habe, das in England 1500 Pfund gekostet hätte. Stolz wies er darauf hin, daß es neben den eigentlichen 350 Stücken Tafelgeschirr 166 Figuren für den Nachtisch enthalten habe. Diese Summe erscheint ungewöhnlich hoch, wenn man bedenkt, daß in China 10 000 blauweiße Porzellanteller für etwas mehr als 100 Pfund zu haben waren.

Vielleicht hätte der Kurfürst zweimal über dieses großzügige Geschenk nachgedacht, hätte er gewußt, daß Sir Charles ein enger Freund von Sir Everard Fawkener war, einem Hauptanleger der neugegründeten Weichporzellanmanufaktur in Chelsea. Kurz nachdem Sir Charles die aufregende Tafel des Grafen Brühl erlebt hatte, verlieh er einen großen Teil seines Meißner Porzellans an die Modelleure in Chelsea. Sie machten davon Abgüsse und fertigten ziemlich genaue Kopien in Weichporzellan an.

Die Figurinen aus Chelsea waren vielleicht nicht so vollendet wie jene aus Meißen, aber im porzellanhungrigen England gab es wie überall eine zahlreiche Kundschaft für derartige Neuheiten, auch wenn sie nicht so erlesen waren. Chelsea war nur eine von vielen Keramikmanufakturen, die ganz gut vom Verkauf dieser Kaendler gestohlenen Ideen lebten. Bald produzierten sogar gewöhnliche Landtöpfer in Staffordshire vereinfachte Versionen von Dresdner Hofleuten und Schäferinnen. Ihre Kunden waren noch weiter von der Erlesenheit der kurfürstlichen Tafel entfernt als Brühls Pechvogel von einem Schneider.

4. Die endgültige Niederlage

Würden doch die Kaiserin, der König von Polen, Graf von Harrach und Graf von Brühl ihre Feindseligkeit gegen Ihre Majestät von Preußen besser verbergen [...] Sie wird nicht lange ein Geheimnis bleiben und den Argwohn nähren, was den europäischen Angelegenheiten schadet, vor allem aber Österreich und Sachsen.

Thomas Villiers, Januar 1756

Auch wenn äußerlich alles beim alten geblieben war, so hatte sich die Manufaktur in Meißen durch die Erfahrungen mit Preußen doch verändert. Lange nachdem die letzten Blutflecken abgewaschen, die Wände getüncht und die Fußbodenfliesen gründlich gereinigt worden waren, war das Unbehagen in den Gewölben der Albrechtsburg deutlich zu spüren.

Nach dem Rückzug der Preußen stellte sich heraus, daß die Armee mehrere Arbeiter der Manufaktur angeworben hatte; andere waren gezwungen worden, nach Berlin umzuziehen, um Friedrich bei der Realisierung seiner Porzellanpläne zu helfen. Schlimmer noch: Einige hatten aus Habgier, Not oder Verzweiflung ihre Treue zum hartherzigen Manufakturdirektor Höroldt aufgegeben und die Wirren der Zeit genutzt, sich heimlich davonzumachen und woanders Arbeit anzunehmen.

Nicht nur Friedrich II. dachte an eine eigene Porzellanmanufaktur. Überall in Europa wollten alle möglichen Leute dringender denn je ihre eigenen Fabriken haben. Die Folge war, daß sich ein scheinbar endloser Strom von Fremden nach Meißen ergoß, die ein mehr als zufälliges

Interesse daran hatten, was in der Festung auf dem Hügel vor sich ging.

Nach dem Krieg waren die Löhne mit der Produktion gestiegen. Aber das reichte nicht aus, um mehrere schlecht bezahlte Arbeiter daran zu hindern, ihr Einkommen aufzubessern, indem sie verschiedentlich Hinweise gaben, wie die Masse bereitet, die Glasur gemacht und das Porzellan gebrannt wurde. Ihre Informationen waren häufig vage und ungenau – aber das spielte kaum eine Rolle. Viele zahlten mit Gold oder Silber für Auskünfte aus erster Hand, egal, wie zweifelhaft ihre Herkunft war.

Jeder in den oberen Rängen der Manufaktur wußte, daß das Arkanum angesichts solcher Bedrohungen nicht auf Dauer geschützt werden konnte. Doch trotz der allgegenwärtigen Unruhe ging die Arbeit in den Modellierräumen weiter. Kaendler schuf immer gewaltigere und atemberaubendere architektonische Tafelaufsätze, einige so groß, daß ein erwachsener Mann darin Platz gefunden hätte. Sie waren Ausdruck von Reichtum und dynastischer Macht, und ihre Botschaft lautete: Je größer der Tafelaufsatz, um so wichtiger die Tafel, um so mächtiger ihr Besitzer.

Für den Kurfürsten schuf Kaendler einen Ehrentempel aus Porzellan. Er war fast vier Meter hoch und bestand aus 127 Einzelteilen. Das Original ist verlorengegangen, doch seine staunenerregende Wirkung kann man an einer späteren Version erahnen, die sich heute im Museum der Meißner Manufaktur befindet. Den Tisch, von dem er emporragt, läßt er geradezu zu einem Nichts verkümmern.

Diese großartigen Objekte machten sich auch gut als fürstliche Geschenke – sichtbare Beweise, wenn es denn solcher bedurfte, für die wiedererlangte Überlegenheit Sachsens auf dem Gebiet der Keramikproduktion. Zur Hochzeit des Dauphins von Frankreich mit seiner Tochter, Maria Josepha, schickte der Kurfürst als Geschenk einen mehr als drei Meter hohen Prunkspiegel; den Konsoltisch und den Rahmen hatte Kaendler aus Porzellan gefertigt. Den Spiegelrahmen schmückten Apollo und die Musen, Blumen- und Muschelgirlanden. Das Werk wurde für so bedeutend gehalten, daß Kaendler die Erlaubnis erhielt, Sachsen zu verlassen und den Spiegel am französischen Hof feierlich zu übergeben. Dies geschah im Jahr 1750. Es war Kaendlers einzige Auslandsreise.

Kaendler war geblendet von Paris und Versailles. Er notierte, vielleicht mit einer gewissen Irritation, daß die königliche Porzellanmanufaktur von Vincennes neue Wege beschritt, obwohl sie nach wie vor Weichporzellan produzierte und ihre Dessins von Meißen übernahm. Nichtsdestoweniger muß er schnell begriffen haben, daß französisches Porzellan nur in kleinen Mengen hergestellt wurde und daß es auf dem europäischen Markt nicht mit den Produkten der Manufaktur in Meißen konkurrieren konnte.

Danach kehrte Kaendler nach Dresden zurück in der Gewißheit, daß sein Prunkstück für alle Zeit von der Überlegenheit des Meißner Porzellans über das Frankreichs Zeugnis ablegen werde. Diese Annahme sollte sich bald als falsch erweisen. Als Symbole des Königtums wurden Tisch und Spiegel während der Französischen Revolution zerstört. Ein ähnliches Schicksal war der Vorrangstellung der sächsischen Porzellanindustrie beschieden.

Höroldt hatte währenddessen weiterhin die Oberaufsicht über die Manufaktur. Aber es konnte ihm kaum entgehen, daß er immer mehr im Schatten Kaendlers stand. Aber selbst ein Porzellanmeister kann einmal den Bogen überspannen. Im Falle Kaendlers war der Rückschlag so gewaltig wie die Meisterstücke, die er zu schaffen sich bemühte.

Kaendler wollte die größte Porzellanfigur machen, die die Welt jemals gesehen hatte: ein riesiges Reiterdenkmal des Kurfürsten, das in seiner endgültigen Gestalt die unglaubliche Höhe von neun oder mehr Metern erreichen sollte.

Bereits 1731 hatte Kaendler den Auftrag erhalten, einen Entwurf zu fertigen, der August den Starken zu Roß zeigte. Drei Jahre später wurde eine lebensgroße vergoldete Kupferstatue des Kurfürsten in Auftrag gegeben. Bei dieser Gelegenheit entstand wohl der Gedanke, eine große Porzellanstatue von Friedrich August zu modellieren. Das Kupferdenkmal war ja ganz eindrucksvoll, aber, so schlug Kaendler vor, warum sollte man die Thronbesteigung nicht mit einem Reiterstandbild aus Porzellan feiern? Dies würde weitaus mehr Aufsehen erregen und sei der richtige Weg, den Herrscher der Porzellanhauptstadt der Welt zu preisen.

Der Kurfürst war damit beschäftigt, Edelsteine und Gemälde für seine wachsende Sammlung zu kaufen, und blieb unentschlossen; daraus wollte Höroldt sogleich seinen Vorteil ziehen. Ein solches Denkmal sei weit größer als alles, was Kaendler jemals in Angriff genommen habe – das könne unmöglich gelingen. Noch überzeugender klang, daß es auf der Albrechtsburg keinen Raum für ein so monumentales Werk gebe. Friedrich August, leicht beeinflußbar wie stets, fand nun plötzlich ein derart gewagtes und umstrittenes Projekt nicht mehr interessant. Trotz aller Einwände und Versicherungen Kaendlers verweigerte er unerbittlich den Auftrag.

Doch Kaendlers Traummonument sollte noch nicht sterben. Zwar erfüllte er tagtäglich seine Pflicht, doch insgeheim fertigte er zahllose Entwürfe für das Reiterdenkmal an. Er arbeitete daran sogar weiter, als er während der Besetzung Meißens durch Friedrich II. versteckt gehalten wurde. Er begann mit einem Tonmodell, wobei er Material und Gehilfen aus eigener Tasche bezahlte. Gleichzeitig bedrängte er Brühl, er möge den Kurfürsten zu Änderung seiner Einstellung bewegen.

Zunächst hatte der Graf damit keinen Erfolg. Hartnäckig blieb Friedrich August dabei, daß das Prunkstück weder der Mühe wert noch technisch machbar sei. Doch endlich gab er nach. Im Jahr 1751 erhielt Kaendler 15 000 Taler, um eine kleine und eine große Version des Reiterstandbildes herzustellen.

Zwar erhob Höroldt Einwände, doch mit der kurfürstlichen Unterstützung hatte Kaendler nun die Oberhand. Neuer Raum wurde auf dem Domplatz gepachtet und ein Holzschuppen errichtet. Ihm sollten zahlreiche Gehilfen zur Seite stehen, die in seinem nahen Haus wohnten und die er auch dort verpflegte.

In den nächsten zwei Jahren nahm das endgültige Modell Gestalt an. Auf einem Felssockel bewegt sich eine Prozession aus Figuren, die Gerechtigkeit, Friede, die Künste und die Wissenschaften sowie die Flüsse Elbe und Weichsel symbolisieren; sie lenken den Blick zur majestätischen Figur des Kurfürsten, der auf einem sich aufbäumenden Lipizzaner reitet.

Sobald sie bewilligt war, wurde die kleine Fassung erfolgreich gebrannt – sie ist bis auf den heutigen Tag eines der großartigsten Ausstellungsstücke im Dresdner Porzellanmuseum. Die Gußformen für die große Version versprach Kaendler für das Jahr 1755; dann sei es nur noch eine Sache des Brennens der Einzelstücke, bis das endgültige Denkmal fertig sei.

Doch selbst in dieser späten Phase ging die Arbeit, in die Kaendler so viel Zeit, Geld und Talent investiert hatte, nicht reibungslos voran. Höroldt half ihm nicht bei der Beschaffung weiterer Porzellanmasse und beschwerte sich, daß das Formengut zuviel Lagerraum wegnehme. Schließlich mußte Kaendler seinen Mitarbeitern, die in seinem Haus wohnten, kündigen, um die Gußformen fürs erste dort unterzubringen.

Doch schließlich scheiterte das Projekt nicht an Höroldt, sondern an den politischen Ereignissen. Denn als 1756 mit dem Siebenjährigen Krieg der Einmarsch der Preußen in Sachsen drohte, wurden alle Zahlungen für Kaendlers Monumentalwerk sofort eingestellt.

Seit dem Ende des Zweiten Schlesischen Krieges und seinem Rückzug aus Sachsen vor rund zehn Jahren fühlte sich Friedrich zunehmend isoliert durch eine unerwartete Koalition zwischen Österreich und Frankreich. Der preußische König hatte in den Jahren des Friedens sein Land wieder aufgebaut, Gewerbe und Landwirtschaft gefördert. Nun war seine Position abermals bedroht.

Er war jetzt mit England verbündet. Um einem unmittelbar bevorstehenden Angriff seiner Gegner zuvorzukommen und um das Land zu verteidigen, das er zehn Jahre zuvor gewonnen hatte, marschierte er am 29. August 1756 mit 70 000 Mann in das schwache und vom Unglück verfolgte Sachsen ein. Zwei Wochen später besetzten preußische Truppen Dresden.

Der Kurfürst, Graf von Brühl und andere wichtige Mitglieder des Hofes waren nach Warschau geflohen. Zurückgelassen hatten sie die Fürstin, Maria Josepha, die Gräfin von Brühl und andere Edeldamen. Friedrich selbst bezog das vornehme Brühlsche Palais, was wie eine endgültige Demütigung gewirkt haben muß.

Verärgert über Friedrichs herrische Art, haben sich sogar hochgeborene sächsische Damen in Spionage eingelassen. Eine wurde dabei erwischt, wie sie Geheimpapiere, in Wurstwaren versteckt, zu ihrem Ehemann schmuggeln wollte. Eines Tages erhielt die Gräfin von Brühl, die gezwungenermaßen Seite an Seite mit dem Erzfeind ihres Ehemannes leben mußte, unvermutet ein Geschenk aus Warschau: ein Faß Wein. Sie durfte den Wein behalten, doch das Faß wurde untersucht. In einem doppelten Boden befanden sich mehrere Geheimdokumente, worauf Friedrich zur Gräfin bemerkte, es sei besser, sie reise ab und mache gemeinsame Sache mit ihrem Gatten.

Als die preußischen Armeen auf Dresden zumarschierten, sandte der fliehende Brühl verzweifelt Botschaften nach Meißen, daß die Brennöfen wieder zerstört und alle Materialien entfernt werden sollten. Zum zweitenmal wurde die Manufaktur auf unbestimmte Zeit geschlossen, und August befahl, daß Höroldt und Kaendler nach Frankfurt am Main fliehen sollten. Höroldt und einige seiner Mitarbeiter befolgten den Befehl umgehend und entkamen in Höroldts Kutsche. Kaendler hingegen blieb entschlossen in Meißen, um sein großes Porzellanwerk zu bewachen und zu verhindern, daß es vom preußischen König geraubt wurde. In den folgenden Jahren ging es drunter und drüber, und als Höroldt von Kaendlers Schwierigkeiten hörte, muß er sehr erleichtert gewesen sein, daß er sich zur Flucht entschlossen hatte. Im Exil erhielt er weiterhin großzügig Entlohnung, konnte sich eine Equipage leisten und lebte meist in Bequemlichkeit und vergleichsweisem Luxus. Kaendler hingegen erging es in Meißen ganz anders.

Mit der Besetzung Dresdens wurden alle sächsischen Vermögen beschlagnahmt, um die Truppen Friedrichs zu finanzieren. Da er auf der Stelle Bargeld brauchte, ließ er die Bestände an Porzellan in den Ausstellungsräumen in

Meißen, Dresden und Leipzig konfiszieren und verkaufte sie für 120 000 Taler an den Geheimrat Schimmelmann. Diese großen Mengen an Porzellan wurden auf Auktionen versteigert. Dabei machte Schimmelmann so viel Profit, daß er sich einen großen Stadtpalast, ein Landschloß und einen weitläufigen Landsitz in Dänemark kaufen konnte, wo er später für einige Zeit lebte.

Zwar war der preußische König mit der Kriegführung beschäftigt, aber er hatte niemals seinen Traum aufgegeben, einmal die Meißner Manufaktur zu besitzen. In den Friedensjahren vor dem Siebenjährigen Krieg hatte er einen Textilfabrikanten namens Wilhelm Caspar Wegely ermutigt, eine Porzellanmanufaktur in Berlin zu gründen und hatte für finanzielle Unterstützung gesorgt. Das Ergebnis war enttäuschend. Gemessen an den erlesenen Figurinen Kaendlers und der delikaten Malerei Höroldts, erschienen Friedrich Wegelys Versuche roh und und unbeseelt; schnell verlor der König das Interesse an dem riskanten Unternehmen. Aber nun, mit der Besetzung Meißens, sah Friedrich einen neuen Hoffnungsstrahl. Wegely wurde nach Sachsen beordert und sollte dafür sorgen, daß die Manufaktur mit allen Arbeitern nach Berlin umzog.

Berlin war zwar nur eine gute Tagesreise entfernt, doch als Wegely die Manufaktur besuchte, lag alles verlassen: Die Ausrüstung war versteckt, die Fachleute und sogar die Arbeiter waren verschwunden. Es gab nichts, was man wegschaffen, und nichts, was man lernen konnte. Wegely kehrte mit leeren Händen zurück. Seine eigene Fabrik mußte später schließen.

Doch Friedrich wollte seine Hoffnung nicht aufgeben. Er war entschlossener denn je, daß die Meißner Manufaktur ihre Arbeit wieder aufnehmen sollte. Da er glaubte, daß die Arbeiter unter sächsischer Leitung bereitwilliger kooperieren würden, verpachtete er die Albrechtsburg an einen sächsischen Kammerrat, Georg Michael Helbig, der sich einigen Gewinn davon versprach, wenn er mit dem Feind zusammenarbeitete. Allmählich gelang es ihm, die Brennöfen wiederaufbauen zu lassen, das notwendige Rohmaterial zu beschaffen, was im kriegszerstörten Sachsen nicht einfach war, und genügend Arbeiter anzuwerben, um den Betrieb wieder aufzunehmen.

Als die Manufaktur langsam ihre Produktion wieder aufnahm, beutete Friedrich sie erbarmungslos aus. Er setzte die Pacht für Grund und Boden, der jetzt als preußischer Besitz galt, hoch und verlangte, daß mehr Porzellan produziert werde, das ihm kostenlos zur Verfügung zu stellen sei. Schließlich konnte Helbig Friedrichs Forderungen nicht länger erfüllen. Daraufhin schloß ein polnischer Regierungskommissar namens Justus Lorentz einen Pachtvertrag, um die Manufaktur und die Arbeiter von weiteren preußischen Einmischungen und der Gefahr eines erzwungenen Umzugs nach Berlin zu schützen.

Der preußische König besuchte häufig die Manufaktur; dabei forderte er Kaendler immer wieder auf, nach Berlin zu kommen. Aus Furcht, er könne vielleicht gewaltsam ausgeliefert werden, war Kaendler zu einer gewissen Kooperation gezwungen. Doch sobald ihn Friedrich in Ruhe ließ, beschäftigte er sich wieder mit dem Reiterstandbild Friedrich Augusts. Bis zum Jahr 1761 waren 800 Gußformen für den Sockel vollendet; aber nur das Gesicht des Kurfürsten war gebrannt. Seit Jahren hatte Kaendler keine Bezahlung mehr dafür erhalten; und die Anspannung und die Anstrengung drohten ihn finanziell und gesundheitlich zugrunde zu richten.

Nicht nur Kaendler hatte unter der Schmach zu leiden, für den Feind arbeiten zu müssen. Und nicht nur die Einwohner Meißens mußten unter dem Mangel an Lebensmitteln und Brennmaterial leiden. Wer noch in der Manufaktur Arbeit hatte, dessen Lohn war um ein Drittel gekürzt worden. Viele mußten für die Preußen arbeiten. Einige wurden zu Schanzarbeiten gegen ihre eigene Armee gezwungen; andere wurden zum preußischen Kriegsdienst gepreßt, »um Zerstörung in den Schoß ihres Heimatlandes zu bringen«; wehrlose Frauen wurden »mit Gewalt aus ihrem Elternhaus fortgeschafft [...], in die entferntesten Provinzen des preußischen Königreichs geschickt und mit Männern verheiratet, die der Staat bestimmt hatte«. Viele erfahrene Arbeiter der Porzellanmanufaktur wurden »mit Gewalt nach Berlin verbracht [...], sie mußten ein Leben lang ihre Arbeitskraft und ihre Talente für den Gewinn eines Herrschers ausbeuten, der der Erzfeind ihres Landes war«. Gerade im kriegsgeschüttelten Europa, schreibt im 18. Jahrhundert Nathaniel Wraxall, war eine solche Behandlung ein Verbrechen: »Weder das Völkerrecht noch die Gesetze des modernen Krieges erlauben es, männliche und weibliche Handwerker eines eroberten Staates in das Land des Angreifers fortzubringen. Dessenungeachtet wurde im sächsischen Meißen die natürliche Gerechtigkeit verletzt [...].«

Aber es sollte noch schlimmer kommen. Im Juli 1760 übte Friedrich wegen des österreichischen Widerstandes in Sachsen grausame Vergeltung. In einem schwere Bombardement Dresdens, das an die grausigen Vorgänge im Februar 1945 erinnert, wurden viele der schönsten Gebäude Dresdens zerstört, darunter Kirchen, das vornehme Brühlsche Palais und andere bedeutende Bauwerke.

Der Siebenjährige Krieg ging im Jahr 1763 mit der Unterzeichnung des Friedensvertrags von Hubertusburg zu Ende. Bevor er Sachsen endgültig verließ, feierte Friedrich seinen Sieg mit einem Konzert in Meißen; außerdem ließ er aus den Lagerräumen der Manufaktur weitere hundert Kisten mit Porzellan abtransportieren.

Er ließ ein verwüstetes Land zurück. Hunderttausend Menschen waren umgekommen, die künstlerischen Leistungen eines ganzen Zeitalters verloren. »Nun lagen die königlichen Schlösser zerstört, die Brühlschen Herrlichkeiten vernichtet, und es war von allem nur ein sehr beschädigtes herrliches Land übriggeblieben«, so die bewegenden Worte Goethes in *Dichtung und Wahrheit*, gegen Ende des siebten Buches. Selbst der sächsische Kurfürst und sein verschwendungssüchtiger Premierminister Graf Brühl, die es sich während des Krieges in Warschau hatten wohl sein lassen, waren durch die offensichtliche Aggression Friedrichs II. ziemlich mitgenommen; beide starben binnen Monaten nach ihrer Rückkehr.

Nur die Manufaktur hatte, so schien es, der Übermacht getrotzt.

5. Das Arkanum

Ich glaube, ich habe in meinen Briefen aus Berlin nicht erwähnt, daß ich bei meinem Besuch der Porzellan-manufaktur von der Schönheit einiger Stücke so hinge-rissen war, daß ich eine kleine Dose für Dich bestellt habe [...] Ich hatte mir nicht vorgestellt, daß diese Ma-nufaktur zu den besten Fabriken Deutschlands gehört [...] Das Stück, daß ich für Dich bestellt habe, hält je-den Vergleich mit den feinsten Porzellanen aus Dresden aus.

John Moore, 1779

Man schrieb das Jahr 1750. In einem Meißner Gasthaus vertrieb sich Johann Gottlieb Ehder, einer von Kaend-lers talentiertesten Modelleuren, die Zeit. Er befand sich in guter Gesellschaft. Es gab reichlich Bier und Tabak. Die Runde war so ausgelassen, daß Ehder die Domglocken überhörte. Erst als einige Zecher auf die gepflasterte Stra-ße torkelten und nach Hause schwankten, merkte er, daß die Zeit, zu der er in seiner Unterkunft hätte sein müssen, längst vorbei war.

Ehder leerte seinen Bierkrug und verfluchte den Um-stand, daß er am Domplatz innerhalb der Burgmauern wohnte. Wie gut hatten es da doch die meisten Manufak-turarbeiter getroffen, die im Gewirr mittelalterlicher Häu-ser an den Hängen zur Elbe lebten. Während seine Kame-raden nach der langen Tagesarbeit ein gewisses Maß an Freiheit genossen, mußte er das strenge Regiment beach-ten, daß die Burgwache eingeführt hatte. Und dazu gehör-te auch die strikte Einhaltung der Sperrstunde, die er nun versäumt hatte.

Ehder wußte, daß er mit mehreren Wochen Gefängnis bestraft wurde, wenn er zu spät zum bewachten Hof zurückkehrte. Dazu kam, daß er für die Zeit, die er eingesperrt war, keinen Lohn erhielt, was er sich kaum leisten konnte. Er könnte sogar seine Arbeit verlieren. Also mußte er es irgendwie schaffen, unbemerkt nach Hause zurückzukehren.

Er vermied den Hauptzugang zur Burg und stieg den Fußpfad zum Hügel hoch. Oben angelangt, sah er, wie sich die gotischen Zinnen der Burg und die Festungswälle gegen den Himmel abhoben. Um nicht entdeckt zu werden, hielt er sich im Schatten der äußeren Umwallung. Sollten die Wachsoldaten des Haupteingangs einmal abgelenkt sein oder ihre Posten verlassen, um im Hof zu patrouillieren, dann wollte er sich unbeobachtet hineinstehlen.

Leider schlug der Plan fehl. Vielleicht drehte sich unerwartet ein Wachsoldat um, erhaschte einen flüchtigen Blick von ihm, rief nach den anderen und kam, um nachzuschauen. Fest steht, daß Ehder in Panik geriet, als die Wachen ihn entdeckten. Möglicherweise hat er wegen des Alkohols in seinem Blut die Gefahr falsch eingeschätzt. Auf jeden Fall wagte er den Sprung von der Schloßmauer. Es war ein tödlicher Irrtum.

Er stürzte etwa zehn Meter in die Tiefe und blieb schwer verletzt liegen. Ein paar Tage später war er tot.

Ehders tragischer Todessprung im Jahr 1750 verdient unser besonderes Mitgefühl, denn die Bemühungen der tyrannischen Wachen, das Arkanum zu schützen, waren damals bereits ganz und gar überflüssig. Mindestens ein halbes Dutzend anderer europäischer Manufakturen waren schon in der Lage, Hartporzellan herzustellen; innerhalb des nächsten Jahrzehnts würden ein Dutzend oder mehr dazukommen.

Die Entwicklung hatte rund drei Jahrzehnte früher begonnen. Im Jahr 1719, als Samuel Stöltzel aus Meißen floh, um du Paquier und Hunger bei der Porzellanherstellung in Wien zu helfen. Wie schon berichtet, hatte Stöltzel aus Reue über seinen Treuebruch die Porzellanmasse in Wien vernichtet, die Gußformen zerstört und Glasuren gestohlen, weil er annahm, daß eine solche Sabotage das Geschäft beenden würde, bevor es begonnen hatte.

Doch es war anders gekommen. Du Paquier wollte so schnell nicht aufgeben. Gerade angesichts der erschütternden Zerstörung in seiner Werkstatt faßte er den festen Entschluß, die Produktion wieder aufzunehmen. Insgeheim hatte er Stöltzel bei der Arbeit beobachtet; auch waren seine Chemiekenntnisse recht gut. Daher traute er sich zu, selbst die Mischung wieder zuwege zu bringen und die Masse aufzubereiten.

Erste Versuchsbrände gaben ihm recht. Wenige Monate nach Stöltzels Flucht war die Manufaktur in einem neuen, größeren Gebäude in der heutigen Porzellangasse untergebracht. Schnell waren verbesserte Brennöfen erbaut. Ein Jahr später war du Paquier zurück im Geschäft. Er beschäftigte zwanzig Arbeiter, und die Produktion lief auf vollen Touren. Stöltzels Bemühungen, die Fabrik zu zerstören, waren vergeblich gewesen. Meißens Monopol auf die Porzellanherstellung war unwiederbringlich dahin.

Diese Entwicklung in Wien wurde in Dresden aufmerksam beobachtet. Dort machte man sich Gedanken, wie man der Gefahr begegnen könne. Die Leitung der Manufaktur in Meißen konnte im eigenen Betrieb Schritte unternehmen, um das Arkanum zu schützen, aber in Wien war sie machtlos.

Christian Anacker, der sächsische Gesandte am kaiserlichen Hof, der Stöltzel zur Rückkehr nach Meißen ermutigt hatte, erhielt den Auftrag, die Fortschritte der Manufaktur im Auge zu behalten. Seine Berichte ließen erkennen, daß die Wiener Manufaktur nicht so gut organisiert war wie die Meißner nach Böttgers Tod. Jeder seiner Briefe nährte aber die Furcht, daß die Sicherheit des Arkanums in Gefahr sei.

Von allem Anfang an hatte du Paquiers Unternehmen Finanzprobleme. Die Schulden stiegen, und oft konnte man das Personal nicht bezahlen, das schnell unzufrieden wurde. Kurz nach Stöltzels Rückkehr nach Meißen war auch Christoph Conrad Hunger desillusioniert. Aber Hunger hatte ein gänzlich anderes Temperament als der verletzbare und von Schuldgefühlen heimgesuchte Stöltzel. Als zäher und verschlagener Profiteur war er fest entschlossen, auf jede erdenkliche Art Geld zu machen. Loyalität und Integrität galten ihm wenig. Er würde alles ertragen, wenn er damit nur Geld verdienen könnte.

Laut Anacker war Hunger so geldgierig, daß er sich in Wien in mehrere dubiose Geschäfte eingelassen hatte, worunter sein Ruf so sehr gelitten hatte, daß ihm kaum eine andere Alternative blieb, als Stöltzels Beispiel zu folgen und sich davonzumachen. Doch er ging nicht zurück nach Meißen, sondern wandte sich nach Italien. Dort schloß er sich den Brüdern Francesco und Giuseppe Vezzi an, zwei Goldschmieden, die in Venedig gern Porzellan produzieren wollten, und redete ihnen ein, daß er das Geheimnis des Herstellungsverfahrens kenne.

Hunger war kein Arkanist. Aber nach der Zusammenarbeit mit Stöltzel wußte er immerhin so viel, daß es nämlich auf den richtigen Ton ankam. Mit Hilfe seiner Kontakte in Sachsen konnte er den skrupellosen Minenbesitzer

Schnorr überreden, die Vezzi-Brüder mit Kaolin zu beliefern. Das war ein glatter Gesetzesbruch, denn Schnorr hatte einen Exklusivvertrag mit der Manufaktur in Meißen. Doch die Krämerseele Schnorr konnte ein gutes Geschäft nicht ausschlagen. Er versprach, daß seine Lieferung nach Italien unbemerkt bleibe.

Zwei Jahre nachdem der Ton in Italien eingetroffen war, war die Porzellanherstellung der Vezzis fest etabliert. Hunger jedoch war bald das Leben auf den venezianischen Kanälen müde und wäre gerne nach Sachsen zurückgekehrt. Er schrieb einen Verteidigungsbrief an die Leitung der Manufaktur in Meißen, in dem er sich von jeglicher Schuld reinzuwaschen suchte, daß er das Arkanum gestohlen habe.

Dort muß man über das kühne Vorgehen Hungers erstaunt gewesen sein. Doch anstatt ihn frei durch Europa reisen und weitere Porzellanfabriken aufbauen zu lassen, schien es ratsamer, ihn in der Meißner Manufaktur wieder in Gnaden aufzunehmen, wo er alsbald als Vergolder arbeitete. Doch das war nicht genug, um Hungers Ehrgeiz zu befriedigen. Drei Jahre später verließ er Sachsen wieder und offerierte sein mittlerweile beträchtliches Fachwissen dem Meistbietenden. Ohne Erlaubnis machte er sich davon, reiste zunächst nach Stockholm, dann nach Kopenhagen, dann zurück nach Wien und schließlich nach Sankt Petersburg. In all diesen Städten versuchte er mit geringem Erfolg Porzellan herzustellen.

Die Eskapaden Hungers waren eine ziemliche Herausforderung für die Beamten in Meißen. Als er einmal darum bat, nach Sachsen zurückkehren zu dürfen, drohte er gar: »So will ich nicht allein hier in Schweden Porcellain machen, sondern durch mein Buch, so ich in Druck werde herausgeben lassen, die Porcellain-Wissenschaft so gemein machen, dass nicht allein viel andere hohe Personen solches enterpreniren werden, sondern alle Töpfer sollen es nachmachen können [...].«

Solche Drohungen schienen die schlimmsten Alpträume der Manufaktur in Meißen wahr werden zu lassen. Doch man hatte noch nicht begriffen, daß die schlimmsten Ränke von einem anderen wandernden Arkanisten aus Wien geschmiedet wurden, von einem gewissen Joseph Jakob Ringler.

Aus Wien berichtete der sächsische Gesandte, daß nach wie vor Unordnung herrsche und die Finanzen dort zerrüttet seien. Im Jahr 1744 standen die Dinge so schlecht, daß du Paquier der Sache wegen der ständigen Finanzprobleme überdrüssig wurde. Er verkaufte alles an den Staat. Maria Theresia förderte nun offiziell die Manufaktur und weitere Arbeiter konnten schließlich eingestellt werden.

Unter den neuen Lehrlingen war auch der vierzehnjährige Sohn eines Schullehrers mit Namen Joseph Jakob Ringler. Der junge Lehrbub war vielversprechend, äußerst intelligent und, wie sich später herausstellen sollte, ein scharfer Beobachter. Er machte rasch Fortschritte als Porzellanmaler. Bei seinen Kollegen, Spezialisten in anderen Bereichen der Produktion, war er so beliebt, daß sie ihn gern in ihr Fachwissen einweihten.

Auf diese Weise konnte Ringler umfassende Kenntnisse der Porzellanherstellung erwerben. Währenddessen prosperierte die Manufaktur. Unter kaiserlicher Schirmherrschaft hatte sich das Wiener Porzellan zu einem unentbehrlichen Schmuck für jede modische Frühstückstafel und jedes Boudoir entwickelt. Als die Nachfrage wuchs, beschäftigte der Betrieb etwa 200 Arbeiter.

Doch die Probleme, die durch eine allzu nachlässige

Verwaltung entstanden, waren nach wie vor nicht gelöst. Diebereien waren an der Tagesordnung. Es war allgemein bekannt, daß die Arbeiter unbemaltes Porzellan mit nach Hause nahmen, um es privat zu dekorieren und klammheimlich zu verkaufen. Es gab keinerlei Vorsichtsmaßnahmen. In der Werkstatt ging es chaotisch zu. Dort trafen sich Ehefrauen und Freundinnen, tranken und tratschten miteinander, was den reibungslosen Fortgang der Arbeit behinderte. Im allgemeinen Durcheinander ging natürlich noch mehr Porzellan verloren.

Die lockeren Zustände müssen es dem ehrgeizigen und scharfäugigen Ringler erleichtert haben, Zugang zu den geheimsten Bereichen des Herstellungsprozesses zu erhalten. Doch nachdem er die sorgenfreie Atmosphäre genossen und alles gelernt hatte, verlor der Ort für ihn langsam an Reiz. Er war unternehmungslustig und ehrgeizig, und schon immer hatte er sich nach Reisen und Abenteuern gesehnt. Nun wurde er immer ungeduldiger, sein Fachwissen auf die Probe zu stellen. Ganz Europa verlangte nach Porzellan, und er war nicht bereit, den Rest seines Lebens als gewöhnlicher Porzellanmaler zu verbringen – er wollte vielmehr eine eigene Manufaktur leiten.

1747 war Ringler ein junger attraktiver Mann. Unter seinen zahlreichen weiblichen Eroberungen war auch die junge Tochter des Manufakturdirektors. Sie war dermaßen betört vom jungen Ringler, daß er sie, so heißt es, überreden konnte, vom Tisch ihres Vates die geheime Rezeptur und, genauso wichtig, die Entwurfszeichnung für einen Brennofen zu stehlen. Damit hatte er alles, was man zur Porzellanherstellung brauchte; es fehlte nur noch der Geldgeber. Für einen Siebzehnjährigen war dies eine recht gute Ausgangssituation.

Kurz nachdem die verliebte junge Tochter des Direktors die geheimen Dokumente an Ringler weitergegeben hatte, mußte sie wie alle unglücklich Liebenden feststellen, daß ihr Geliebter sie verlassen hatte. Ringler hatte eine große schwarze Tasche gepackt und sich davongestohlen, um den gefährlichen und unsicheren Weg eines wandernden Arkanisten einzuschlagen. Das bedeutete Gefahr, Abenteuer und Reisen, was er sich immer gewünscht hatte.

Er ging zunächst nach Künersberg in Bayern, wo er ein oder zwei seltene Porzellanstücke schuf. Ein Jahr später war er in Höchst bei Frankfurt am Main, wo ein Jahr zuvor Adam Friedrich von Löwenfinck auf solche unlösbaren Probleme gestoßen war, daß er die Fabrik wieder verlassen und nach Straßburg gehen mußte. Nach Löwenfinck hatte Johann Benckgraff die Arbeit in Höchst fortgesetzt; doch auch er hatte Schwierigkeiten zu bewältigen. Benckgraff war etwa zehn Jahre älter als der forsche Ringler, aber beide hatten bereits in Wien zusammengearbeitet. Zwei Jahre nach Ringlers Ankunft wurde die Produktion von Porzellan aufgenommen, von der Benckgraff fast ebensoviel verstand wie der begabte Ringler. Darauf reisten beide auf verschiedenen Wegen durch Europa von Keramikfabrik zu Keramikfabrik. Ihre Spuren markierten im Entstehen begriffene Porzellanmanufakturen.

Ringler ging nach Straßburg, wo Löwenfinck die Maltechniken für Fayencen verbesserte. Der Direktor der Manufaktur war Paul Anton Hannong; ihm zeigte Ringler, wie Porzellan hergestellt wurde. Schon bald konnten die Produkte der Fabrik mit denen der königlichen Manufaktur in Vincennes konkurrieren. Das ärgerte Ludwig XV. Er verkündete per Erlaß, das nur seine eigene Manufaktur farbige Porzellane produzieren dürfe. Hannong verlegte daher seine Fabrik außerhalb des französischen Amtsbereichs nach Frankenthal.

Ringler wandte sich an die Manufaktur in Neudeck. Sie gehörte dem Kurfürsten Maximilian III. Joseph, der eine Enkelin Augusts des Starken, Maria Anna Sophia, geheiratet hatte. Wie ihr Großvater schwärmte auch sie für Porzellan. Ihren Palast wollte sie wie August einst sein Japanisches Palais reichhaltig mit Porzellan ausstatten. Sie überredete ihren Gatten, sich auf das Abenteuer Porzellan einzulassen. Mit Ringler konnten beide ihren Traum realisieren. Später wurde die Manufaktur ins nahe Nymphenburg verlegt, wo sie bis heute in Betrieb ist.

Als Herzog Karl Eugen von Württemberg von den Qualitäten Ringlers hörte, berief er ihn nach Ludwigsburg. Dem Herzog galt eine Porzellanmanufaktur als Ausdruck von Größe und Würde, was Ringler in die Tat umsetzte. Das Ludwigsburger Unternehmen wurde 1759 gegründet. So zufrieden war der Herzog mit Ringler, daß er ihn innerhalb eines Monats nach seiner Ankunft zum Direktor ernannte. Ringler leitete die Fabrik bis zu seinem Tod im Jahr 1802.

Nach seinem Rückzug aus Sachsen kaufte Friedrich II. in Berlin 1763 eine Porzellanmanufaktur, die zwei Jahre zuvor von einem Finanzier namens Johann Ernst Gotzkowsky gegründet worden war, der sich inzwischen aber in finanziellen Schwierigkeiten befand. Gotzkowsky hatte das Herstellungsverfahren von einem Kollegen Benckgraffs gekauft. In Meißen hatte der preußische König einige sehr fähige Handwerker gezwungen, mit nach Berlin zu kommen. Sie sicherten nun den Erfolg der Fabrik.

Während überall in Europa Porzellanfabriken entstanden, bahnte sich in Meißen ein folgenschwerer Umbruch an. Nach dem sicheren Ende der preußischen Gefahr war Höroldt aus Frankfurt zurückgekehrt. Als erstes präsentierte er eine Rechnung über 8200 Taler für seine privaten

Auslagen zusätzlich zu dem Lohn, den er im Exil erhalten hatte. Er war nun 66 Jahre alt und trug immer noch den offiziellen Titel eines Inspektors der Manufaktur. Tatsächlich aber hatte er kaum noch etwas zu sagen. Außerdem war er darüber verärgert, daß Kaendler ohne Schwierigkeiten viele seiner Funktionen übernommen und die Manufaktur sicher durch die Kriegswirren gesteuert hatte. Verbitterung spricht auch aus dem Bericht, der bei einer Kommissionssitzung ein knappes Jahr später verfaßt wurde. Höroldt beschwerte sich über »die Nachlässigkeit, saumseelige Beobachtung der Schuldigkeit und wenigen Redlichkeit derer meisten Officianten, unter welchen er vornehmlich den Hoff Commissarium Kaendler nennen müßte [...]«.

Doch mit Höroldts Macht und Einfluß war es vorbei. Und seitdem es einen neuen Leiter der Malerabteilung gab, wurden seine Beschwerden zumeist nicht mehr beachtet. Da er nicht unter der Leitung eines anderen arbeiten wollte, bat er zwei Jahre später, nach dem Tod seiner Frau, darum, in Pension gehen zu dürfen, und um die Erlaubnis, aus der Dienstwohnung auf der Albrechtsburg auszuziehen. Sein großes Gut auf dem Plossen, daß seine Frau 1741 gekauft hatte, wurde verkauft, und Höroldt zog zurück nach Meißen, wo er ein geräumiges Haus an der Ecke der Fleischergasse kaufte. (Das Gebäude ist erhalten geblieben.) Bevor sein Beschäftigungsverhältnis aufgelöst wurde, mußte er sich verpflichten, nicht außer Landes zu gehen, sein ganzes Wissen über das Arkanum und die Farbenzusammensetzungen niederzuschreiben und sie den Verantwortlichen zu übergeben. Von Höroldt ging für Kaendler nun keine Gefahr mehr aus.

Doch für Kaendler kam das zu spät. Auch sein Stern war im Sinken begriffen. Die blutigen Schlachten, die in Europa gewütet hatten, konnten den Wandel der Mode nicht aufhalten. Kaendlers Rokokoschäferinnen und galante Hofleute waren nun ebenso passé wie einst Höroldts Chinoiserien. Jetzt herrschten die edlen und einfachen Formen des Klassizismus.

Da die Produktion der Manufaktur in Meißen nicht der neuen Mode folgte, mußte sie herbe Verluste einstecken. Als man begriff, daß man wirtschaftlich nur überleben konnte, wenn man mit der künstlerischen Entwicklung Schritt hielt, schaute die Kommission wie gebannt nach Frankreich, wo sich der neue Stil zuerst durchgesetzt hatte. Ein junger Bildhauer namens Michel Victor Acier wurde von Paris nach Meißen gelockt mit dem Versprechen, daß er großzügig entlohnt würde, umsonst wohnen könne und denselben Titel wie Kaendler, nämlich den eines Modellmeisters, erhalte.

Kaendler hatte unter der preußischen Besetzung gelitten. Außerdem hatten ihn die Beschuldigungen, er habe mit dem Feind zusammengearbeitet, schwer getroffen. Dazu kam die Verbitterung, daß er mit dem Reiterstandbild gescheitert war, für das er nicht ganz entschädigt worden war. Und jetzt wurden auch noch seine Ansichten und vergangenen Leistungen beiseite geschoben. Acier war 30 Jahre jünger als er und vertrat die neuen Ideen. Die gefährdete Manufaktur setzte ihre ganze Hoffnung auf ihn, der nun direkt alle Aufträge erhielt. Kaendler zeigte man die kalte Schulter.

Als sich die Beziehung zu Acier weiterhin verschlechterte, zog sich der einst überschwengliche und extrovertierte Kaendler immer mehr in sich zurück. Die Enttäuschung kam auch in seinem Werk zum Ausdruck, das nicht mehr so frisch wie früher wirkte. Auch sein Umgang mit den Gehilfen wurde immer gereizter. Gegen seine Überzeugung mußte er seinen beseelten lebendigen Stil an die kalten statischen Posen anpassen, die jetzt in Mode waren. Das fiel ihm nicht leicht.

Am 26. Januar 1775 erhielt Kaendler die Nachricht, daß sein Erzrivale, Johann Gregor Höroldt, im Alter von 78 Jahren gestorben war. Sein eigener Gesundheitszustand war angeschlagen, doch er arbeitete unermüdlich weiter, schuf neue Entwürfe und regte Reformen an, um die Leistungsfähigkeit der Manufaktur zu verbessern. Er starb am 18. Mai 1775 im Alter von 68 Jahren, nachdem er 44 Jahre für die Manufaktur in Meißen gearbeitet hatte.

Der Verlust dieser bedeutenden Porzellanmeister war zwar hart, er markiert aber nicht das Ende eines Zeitalters. Die Meißner Manufaktur hatte bereits zwei Jahrzehnte zuvor ihre Vorrangstellung verloren. Die Bemühungen unzufriedener Mitarbeiter und wandernder Arkanisten hatte das Monopol zerstört und das Geheimnis der Porzellanherstellung weit verbreitet. Unwissentlich hatte die starke Armee Friedrichs II. dafür Rache genommen, daß Johann Friedrich Böttger ein halbes Jahrhundert vorher dem preußischen Zugriff entzogen worden war. Da die Produktion der Meißner Manufaktur unterbrochen war, konnten junge deutsche Fabriken einen festen Platz auf dem Markt erobern, ebenso diejenige Ludwigs XV., die 1756 von Vincennes nach Sèvres verlegt wurde. Auch der ehrgeizige preußische König besaß nun eine eigene Porzellanmanufaktur, auf die er stolz sein konnte. Doch nicht er setzte sich auf dem europäischen Porzellanmarkt durch, sondern Ludwig XV.; seine verschlungenen Initialen verdrängten die gekreuzten Schwerter von Meißen und die exklusivste Porzellanmarke der Welt.

Aber auch wenn Meißner Porzellan nicht mehr so wie früher die Tafeln der Reichen beherrschte, behielt der Name doch seinen Glanz. Was Böttger, Höroldt und Kaendler ausgelöst hatten, als sie das Geheimnis jenes Materials enträtselten, nach dem ganz Europa verlangte und dann damit eine ganz neue Kunstform ins Leben riefen, das ließ sich nicht mehr aufhalten. Als später der Herstellungsprozeß verbessert wurde, war Porzellan nicht mehr so wertvoll und teuer. Doch der Einfluß dieser drei so unterschiedlichen Männer lebt weiter in den Produkten fast jeder Keramikmanufaktur in der ganzen westlichen Welt. Er spiegelt sich noch heute in den Formen und Dekoren zahlloser Massenprodukte aus ganz verschiedenen Materialien wider. Technik und Geschmack haben sich geändert, aber die bahnbrechenden Leistungen dieser drei Pioniere bleiben so gewaltig wie eh und je.

Epilog

Wenn es zuträfe, daß im achtzehnten Jahrhundert Porzellan nicht als ein weiteres Exotikum galt, sondern als Amulett und Talisman für langes Leben, Potenz und Unverwundbarkeit, dann wäre es leichter zu verstehen, warum der König einen Palast mit vierzigtausend Stükken vollstopfte. Oder das »Arkanum« wie eine geheime Waffe hütete. Oder die sechshundert langen Kerls eintauschte.
Porzellan, sagte Utz abschließend, war das Gegenmittel gegen Verfall.

Bruce Chatwin, *Utz*, 1988

Noch immer überragt die Albrechtsburg imposant das Gewirr mittelalterlicher Dachgiebel der Stadt Meißen. Ihre Wachen aber sind längst verschwunden, ebenso die Modelleure und Maler der zerbrechlichen Kostbarkeiten. Die öden Hallen, in denen einst Höroldt und Kaendler miteinander im Wettstreit lagen, wurden 1863 gründlich überholt, als die Manufaktur in ein größeres Gebäude unterhalb der Hügels verlegt wurde.

Heute sind die Wände mit Fresken im Stile mittelalterlicher Wandteppiche bedeckt. Ihre Darstellungen beziehen sich auf die ruhmreiche Vergangenheit der Stadt. An die einstige Porzellanherstellung in der Burg erinnern nur zwei theatralische Wandbilder aus dem 19. Jahrhundert, gemalt von Paul Kießling. Auf dem einen trinkt Böttger Wein bei der Arbeit in seinem Laboratorium; auf dem anderen führt er August dem Starken die Porzellanherstellung vor.

Im neuen Manufakturgebäude gibt es keine Soldaten, und man braucht auch keine besondere Besuchserlaubnis. Die Manufaktur schottet sich nicht mehr nach außen ab; sie ist heute eine bedeutende Touristenattraktion. Die Besucher werden in lichte Räume geleitet, in denen ihnen stolz die alten Techniken der Massebereitung, des Formens, des Glasierens und der Bemalung vorgeführt und erklärt werden. Die Zeiten haben sich geändert.

Dresden, die Stadt Augusts des Starken, der einst das Hufeisen zerbrach und die seiner liebreizenden Mätressen, trägt noch die Narben der Schicksalsnacht im Februar 1945, als Fliegerangriffe der Alliierten fast die ganze Innenstadt und das Leben von 75 000 Einwohnern ausgelöscht haben; dazu kamen noch zahllose Menschen, die auf der Flucht vor der heranrückenden Sowjetarmee waren. Die Bomben waren so zahlreich und so todbringend konzentriert, daß ein Feuersturm entstand, ein Inferno, das den Sauerstoff der Luft verbrannte: Wer nicht in den Flammen umkam oder von den Trümmern erschlagen wurde, dem drohte Ersticken. Die heiße Luft stieg auf, wodurch ein gewaltiger Unterdruck entstand, so daß Dächer und das Innere der Häuser von der sengenden Hitze verschlungen wurden. Die Zerstörung war total.

Doch wie ein Phönix aus der Asche ist Augusts prächtige Stadt nach dem Krieg wiedererstanden. Die zerstörten Häuser wurden eins nach dem anderen wieder aufgebaut. Der Verbindungsgang zwischen der Residenz und dem Taschenbergpalais, durch den August einst mit der Gräfin von Cosel eilte, ist erhalten geblieben. Ihr großartiger Palast ist heute ein Luxushotel. Aber noch ist der Wiederaufbau Dresdens nicht abgeschlossen.

Man kann es sich kaum vorstellen, aber das meiste Porzellan der kurfürstlichen Sammlung hat die massive Bom-

bardierung überstanden. In den Monaten vor der Zerstörung war es zusammen mit den unschätzbaren Kunstwer-
ken Friedrich Augusts ausgelagert worden. Die Porzellanschätze wurden später in die Sowjetunion gebracht; erst
1958 kamen sie nach Dresden zurück.

Heute ist Augusts Sammlung chinesischer und japanischer Porzellane in den langen, luftigen und lichtdurchfluteten Galerien des Zwingers untergebracht, rund um den
Festspielplatz, auf dem einst die extravaganten kurfürstlichen Belustigungen inszeniert wurden. Es haben auch
einige Stücke aus dem Japanischen Palais überlebt. Teller,
Schalen und Vasen sind an den Wänden in strahlenförmi-
gen Mustern angeordnet, so wie es sich der Kurfürst wohl
gewünscht haben dürfte. Den strahlenden Mittelpunkt bilden die monumentalen blauweißen Vasen, für die der Kurfürst einst die 600 Dragoner, allesamt »lange Kerls«, her-
gegeben hatte.

Hier sind auch die ersten Versuchsstücke Böttgers zu sehen, Beispiele von Höroldts gemalten Meisterstücken,
Tierplastiken Kirchners und Kaendlers für das Japanische
Palais, einige tragen noch Spuren der Bemalung, über die
sich Kaendler so aufgeregt hat. Hier steht auch das Modell
seines Reiterstandbildes; dies und das gewaltige Gesicht
des Kurfürsten ist alles, was von seinem Traum übriggeblieben ist. So groß auch die Ausstellung ist, sie präsentiert
nur ein Zehntel dessen, was erhalten ist. In für die Besucher unzugänglichen Kellergewölben sind weitere Porzellane gelagert und auch winzige Goldklümpchen, die der
unglückliche Böttger einst mit einem Taschenspielertrick
hervorgezaubert hat.

Doch das stärkste Erinnerungszeichen dieser ungewöhnlichen Geschichte findet sich nicht hier, sondern unter der
nahen Brühlschen Terrasse, dem »Balkon Europas«, der

die alte Stadtbefestigung an der Elbe bekrönt. Hier wurden jüngst die alten Kasematten ausgegraben, in denen Böttgers Brennversuche erstmals erfolgreich verliefen. Heutzutage weckt die Jungfernbastei keinen Schauder mehr, sondern Interesse: Scharen deutscher Schüler und Schülerinnen sowie Gruppen staunender Touristen ziehen durch die unterirdischen Hallen, in denen einst die unerhörte Entdeckung geschah.

Wenn man durch die düsteren Gänge geht, die die widerhallenden Räume verbinden, muß man sich unwillkürlich fragen, ob sich Böttger, als er an diesem ungastlichen Ort schuftete, vorstellen konnte, daß fast 300 Jahre später Besucher wegen ihm hierherkommen sollten oder daß die Früchte seiner heißen Bemühungen einmal in aller Welt die Glanzstücke zahlloser Museen bilden und die Vitrinen der Sammler schmücken würden.

War er sich darüber im klaren, daß er die Unsterblichkeit errang, als er das weiße Geheimnis entschlüsselte? Daß niemand vergessen würde, wie er seinem Herrn den Weg in die erhoffte goldene Zukunft eröffnet hat? Ahnte er, daß er dem wahren Arkanum so nahegekommen war, als er weißes Gold machte und damit in die Geschichtsbücher einging?

Dank

Außer den Fachautoren, ohne deren Publikationen dieses Buch nicht möglich gewesen wäre, schulde ich noch vielen anderen meinen tiefen Dank, unter ihnen international bekannte Spezialisten, die mir großzügig ihre Hilfe und ihren Rat angeboten haben. Für die Durchsicht des Manuskripts und die zahlreichen wertvollen Hinweise bei meinen Nachforschungen danke ich vor allem Gordon Lang von Sotheby's, mit dem ich an einem Keramikführer zusammenarbeiten durfte, als die Idee zu diesem Buch entstand. Auch möchte ich Dr. Friedrich Reichel vom Dresdner Porzellanmuseum danken, der geduldig auf alle meine Fragen eingegangen ist und mich durch die Sammlung geführt hat. Mein Dank gebührt ebenso Dr. Ulrich Pietsch aus Dresden, Dr. Hans Sonntag von der Staatlichen Porzellan-Manufaktur Meißen, Jürgen Schärer, Archivar in Meißen, der Wiener Porzellanforscherin Claudia Jobst, Robin Hillyard vom Victoria and Albert Museum, London, Sebastian Kuhn von Sotheby's, Christine Battle, Inge Heckmann-Walther, die in direkter Linie von Johann Friedrich Böttger abstammt. Für Übersetzungen habe ich zu danken: Eva Roth, Jane Ennis, Hannelore Woolnough, Gisela Parker, Barney Perkins und seinen Mitarbeitern von der National Art Library und last but not least Philip Stokes von der British Library, der mir mit Engelsgeduld dabei geholfen hat, zahllose unklare deutsche Textstellen besser zu verstehen. Mein größter Dank aber gebührt meinem Literaturagenten Christopher Little für seine ermutigenden Anregungen und die unermüdliche Unterstützung.

J. G.

Literaturhinweise

Adams, Len, und Yvonne Adams, *Meissen Portrait Figures*, London 1987.

Arnold, Ulli, u. a., *Grünes Gewölbe, Dresden*, Leipzig ²1993.

Asprey, Robert B., *Frederick the Great. The Magnificent Enigma*, New York 1986.

Atterbury, Paul (Hg.), *The History of Porcelain*, London 1982.

Ayers, John, u. a., *Porcelain for Palaces. The Fashion for Japan in Europe, 1650–1750*, London 1990.

Bac, Ferdinand, *La Ville de Porcelaine. Dresde au temps des rois de Pologne et de Napoléon*, Paris. 1934.

Battie, David (Hg.), *Sotheby's Concise Encyclopedia of Porcelain*, London 1990. – Dt.: *Sotheby's Großer Antiquitäten-Führer Porzellan*, München 1991.

Behrends, Rainer, *Das Meissener Musterbuch für Höroldt-Chinoiserien* (Schulz-Codex). 3 Teile, München 1978.

Berges, Ruth, *From Gold to Porcelain. The Art of Porcelain and Faïence*, New York / London 1963.

Berling, Karl, *Das Meißner Porzellan und seine Geschichte*, Leipzig 1900.

– *Festschrift zur 200jährigen Jubelfeier der ältesten europäischen Porzellanmanufaktur Meißen 1910*, Leipzig 1911.

Black, Jeremy, *The British Abroad. The Grand Tour in the 18th Century*, Stroud 1992.

Boltz, Claus, »Hoym, Le Maire und Meißen«, in: *Keramos*, April 1980.

Browne, Thomas, *Pseudodoxia epidemica, or Treatise on Vulgar Errors*, London 1646.

Bruford, Walter H., *Germany in the 18th Century. The Social Background of the Literary Revival*, Cambridge 1965.

Carlyle, Thomas, *The History of Friedrich II of Prussia, Called Frederick the Great*, 6 Bde., 1858–1865 – Dt.: *Geschichte Fried-*

richs II. von Preußen, genannt Friedrich der Große. 6 Bde., Berlin 1858–1869).

Charleston, Robert J., *Meissen and other European Porcelain* (The James A. de Rothschild Collection at Waddesdon Manor), Fribourg 1971.

Dankert, Ludwig, *Handbuch des europäischen Porzellans*, München ⁴1978.

Davies, Norman, *God's Playground. A History of Poland*, 2 Bde., New York 1982.

Doberer, Karl Kurt, *Goldsucher, Goldmacher. Welt zwischen Tat und Traum*, München 1960.

Ducret, Siegfried, *Meißner Porzellan*, Bern 1952.

– *Deutsches Porzellan und deutsche Fayencen*, Baden-Baden 1962.

– *Porzellan der europäischen Manufakturen im 18. Jahrhundert*, Zürich o. J. [1971].

Eissenbeiss-Pauls, Erika, *German Porcelain of the 18th Century*, London 1972.

Engelhardt, Carl August, *J. F. Böttger. Erfinder des sächsischen Porzellans*, Leipzig 1837; Nachdrucke: Leipzig 1981, Frankfurt am Main 1982.

Fauchier-Magnan, Adrian, *The Small German Courts in the 18th Century*, London 1958.

Fellmann, Walter, *Heinrich Graf Brühl*, Leipzig 1989; Würzburg 1990.

Freestone, Ian, und David Gaimster (Hg.), *Pottery in the Making*, 1997.

Garnier, P., *Porcelain of the Du Pacquier Period*, 1952.

Goder, Willi, u. a., *Johann Friedrich Böttger. Die Erfindung des europäischen Porzellans*, Stuttgart 1982.

Goodwin, Albert (Hg.), *European Nobility in the 18th Century*, London ²1967.

Hackenbroch, Yvonne, *Meissen and other Continental Porcelain, Faience and Enamel in the Irwin Untermyer Collection*, London 1956.

Hall, John, *Paradoxes*, London 1650.

Hanway, Jonas, *An Historical Account of the British Trade over the Caspian Sea*, 4 Bde., London 1753. – Dt.: *Zuverlässige Beschreibung seiner Reisen, von London durch Rußland und Persien und wieder zurück durch Rußland, Deutschland und Holland in den Jahren 1742–1750*, 4 Teile, Hamburg/Leipzig 1754.

Hayward, John F., *Viennese Porcelain of the Du Pacquier Period*, London 1952.

Hibbert, Christopher, *The Grand Tour*, London 1987.

Hoffmann, Klaus, *Johann Friedrich Böttger. Vom Alchemistengold zum weißen Porzellan*, Berlin (DDR) 1985.

Holmyard, Eric John, *Alchemy*, London 1957.

Honey, William B., *German Porcelain*, London 1947.

– *European Ceramic Art from the End of the Middle Ages to about 1815*, London 1952.

– *Dresden China*, London 1954.

Honour, Hugh, *Chinoiserie. The Vision of Cathay*, London 1961.

Impey, Oliver, *Chinoiserie. The Impact of Oriental Styles on Western Art and Decoration*, London 1977.

Jacobson, Dawn, *Chinoiserie*, London 1993.

Keyssler, Johann Georg, *Neueste Reise durch Teutschland, Böhmen, Ungarn, die Schweiz, Italien und Lothringen*, Hannover 1740.

Kitchen, Martin, *Cambridge Illustrated History of Germany*, Cambridge u. a. 1996

Lasius, Angelika, *Albrechtsburg Meissen*, Regensburg [2]1995 (Kleine Kunstführer; 1848).

Loen, Johann Michael von, *Gesammelte kleine Schriften*, 4 Bde., Frankfurt am Main/Leipzig 1749–1752.

Menzhausen, Ingelore, *Alt-Meissner Porzellan in Dresden*, Berlin 1988.

Montagu, Mary Wortley, *Letters*, 4 Bde., London 1763–1767. – Dt.: *Briefe …*, Mannheim 1784; Neuübersetzung: *Briefe aus dem Orient*, Stuttgart 1962; Frankfurt am Main [2]1991.

Moore, John, *A View of Society and Manners in France, Switzerland and Germany*, 2 Bde., 1779. – Dt.: *Abriß des gesellschaft-*

lichen Lebens und der Sitten in Frankreich, der Schweiz und Deutschland, Leipzig 1785.

Morley-Fletcher, Hugo, *Meissen*, London 1971; US-Ausgabe: *Antique Porcelain in Color: Meissen*, Garden City, N. Y. 1971.

Morritt, John B. S., *A Grand Tour. Letters and Journeys*, London 1794.

Neuwirth, Waltraud, *Wiener Porzellan. Original, Kopie, Verfälschung, Fälschung*, Wien 1979.

Nugent, Thomas, *The Grand Tour*, London 1749. – Dt. Teilübersetzung: *Reise durch Deutschland und Meklenburg*, 2 Teile, Berlin 1781.

Pietsch, Ulrich, *Johann Gregorius Höroldt 1696–1775 und die Meissener Porzellanmalerei*, Dresden u. a. 1996.

– *Meißener Porzellan und seine ostasiatischen Vorbilder*, Leipzig 1996.

Platt, Hugh, *The Jewell House of Art and Nature*, London 1594.

Pöllnitz, Karl Ludwig von, *La Saxe galante*, 1734.– Dt.: *Das galante Sachsen*, Amsterdam 1735; Nachdruck Dortmund 1979; Neuübersetzung: München 1995.

– *Mémoires*, 3 Bde., Lüttich 1734. – Dt.: *Nachrichten*, 4 Teile, Frankfurt am Main 1735.

– *Nouveaux Mémoires*, 2 Bde., Amsterdam 1737. – Dt.: *Neue Nachrichten*, 2 Teile, Frankfurt am Main 1739.

Polo, Marco, *Von Venedig nach China. Die größte Reise des 13. Jahrhunderts*. Neu herausgegeben und kommentiert von Theodor A. Knust, Tübingen ³1973.

Pottle, Frederick A., *Boswell on the Grand Tour Germany and Switzerland 1764*, New York 1953. – Dt.: *Boswells große Reise, Deutschland und die Schweiz 1764*, Stuttgart/Konstanz 1955.

Pratt, S. J., *Present State of Germany*, 1738.

Purchas, Samuel, *Purchas His Pilgrimage*, London ²1614.

Röntgen, Robert E., *The Book of Meißen*, Exton 1984.

Rosenberg, Hans, *Bureaucracy, Aristocracy, Autocracy. The Prussian Experience, 1660–1815*, Cambridge, Mass. 1958.

Rückert, Rainer, *Meißner Porzellan 1710–1810. Katalog der Ausstellung im Bayerischen Nationalmuseum.* München 1966.

– *Biographische Daten der Meissener Manufakturisten des 18. Jahrhunderts,* München 1990.

–, und Johann Willsberger, *Meissen. Porzellan des 18. Jahrhunderts,* Stuttgart 1977.

Savage, George, *Eighteenth-Century German Porcelain,* London 1958.

Schärer, Jürgen, *Verschiedene außerordentlich feine Mahlerey und vergoldete Geschirre, die jederzeit ihren Liebhaber gefunden …,* Meissen 1996.

Schlechte, Monika, *Recueil des Dessins et Gravures representent les Solemnite du Mariages, Image et Spectacle,* 1989.

Schmidt, Robert, *Das Porzellan als Kunstwerk und Kulturspiegel,* München 1925.

Schreiber, Hermann, *August der Starke. Kurfürst von Sachsen – König von Polen,* München ⁵1997.

Seyffarth, Richard, *J. G. Höroldt,* Dresden 1981.

Sonntag, Hans, *Meissener Porzellan, Bibliographie der deutschsprachigen Literatur,* Leipzig 1994.

–, und Bettina Schuster, *Meißen und Meissen. Älteste Porzellan-Manufaktur Europas,* Berlin u. a. 1990.

Staatliche Kunstsammlungen Dresden (Hg.), *Meißen – Frühzeit und Gegenwart. Johann Friedrich Böttger zum 300. Geburtstag,* Dresden 1982.

Steinbrück, Johann Melchior, *Bericht über die Porzellanmanufaktur Meissen von den Anfängen bis zum Jahre 1717.* Faksimile mit Kommentar von Ingelore Menzhausen, Transscription und Glossar, 2 Bde., Leipzig 1982 (Faksimile der Ausgabe Dresden *1717*).

Sterba, Günther, *Meissener Tafelgeschirr. Geschichte, Herstellung, Dekor des berühmten Gebrauchsporzellans,* Leipzig 1988; Stuttgart 1989.

Syndram, Dirk, *Das Grüne Gewölbe zu Dresden. Führer durch seine Geschichte und seine Sammlungen,* München u. a. 1994.

Szydio, Z., und R. Brzezinski, »A New Light on Alchemy«, in: *History Today*, Januar 1997.

Tasnádi-Marik, Klára, *Wiener Porzellan*, Budapest ²1975.

Taylor, Frank Sherwood, *The Alchemists. Founders of Modern Chemistry*, New York 1949.

Vierhaus, Rudolf, *Deutschland im 18. Jahrhundert. Politische Verfassung, soziales Gefüge, geistige Bewegungen*, Göttingen 1987.

Volker, T., *Porcelain and the Dutch East India Company*, Leiden 1954.

Walcha, Otto, *Meißner Porzellan*, Dresden 1973.

Weber, Ingrid S., *Planetenfeste August des Starken*, München 1985.

Wraxall, Nathaniel W., *Memoirs of the Courts of Berlin, Dresden, Warsaw, and Vienna, in the Years 1777, 1778, and 1779*, 2 Bde., London ²1800.

Zimmermann, Ernst, *Die Erfindung und Frühzeit des Meißner Porzellans*, Berlin 1908.

250 Jahre Staatliche Porzellan-Manufaktur Meißen, Meißen 1960.

Register

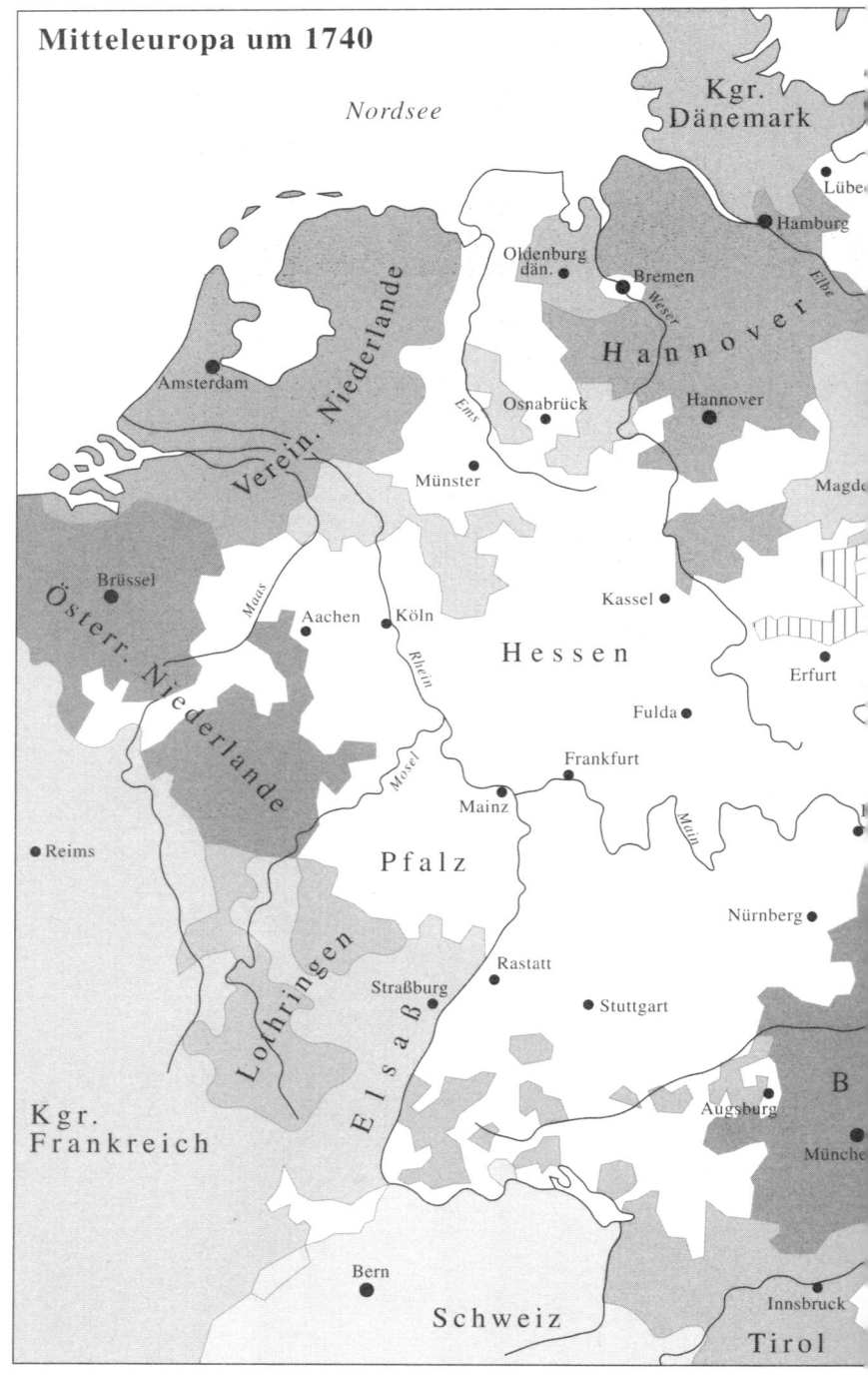

Mitteleuropa um 1740

Nordsee

Kgr.
Dänemark

Lübe

Hamburg

Oldenburg
dän.

Bremen

Weser

Elbe

H a n n o v e r

Vereinmigte Niederlande

Amsterdam

Ems

Osnabrück

Hannover

Magde

Münster

Österr. Niederlande

Brüssel

Maas

Aachen

Köln

Rhein

Kassel

H e s s e n

Erfurt

Fulda

Mosel

Frankfurt

Reims

Mainz

Main

P f a l z

Nürnberg

L o t h r i n g e n

Rastatt

Straßburg

Stuttgart

E l s a ß

Kgr.
Frankreich

Augsburg

B

München

Bern

Innsbruck

Schweiz

Tirol